FORSCHUNGSBERICHTE DES LANDES NORDRHEIN-WESTFALEN

Herausgegeben
im Auftrage des Ministerpräsidenten Dr. Franz Meyers
von Staatssekretär Professor Dr. h. c. Dr. E. h. Leo Brandt

DK 667.666:667.661.62

Nr. 1027

Dr.-Ing. Eginhard Barz

Verein zur Förderung von Forschungs- und Entwicklungsarbeiten
in der Werkzeugindustrie e. V., Remscheid

Prüfung von Feilen

Als Manuskript gedruckt

WESTDEUTSCHER VERLAG / KÖLN UND OPLADEN

1961

ISBN 978-3-663-04101-6   ISBN 978-3-663-05547-1 (eBook)
DOI 10.1007/978-3-663-05547-1

Teil I

Entwicklung eines Verfahrens für die Feilleistungsprüfung zur Erzielung reproduzierbarer Meßergebnisse

G l i e d e r u n g

Einleitung .... S. 9

1. Bisherige Erkenntnisse aus Literatur, praktischen Erfahrungen und Vorversuchen; Kritik .... S. 9
   1.1 Bisher gebräuchliche Feilenprüfverfahren .... S. 9
   1.2 Auswertung von bisherigen Versuchsergebnissen .... S. 14
   1.3 Folgerungen .... S. 22

2. Untersuchung von verfahrensmäßigen Einflußgrößen auf die Feilleistung .... S. 26
   2.1 Grundsätzliches .... S. 26
       Darstellung der Feilleistung .... S. 28
   2.2 Eingesetzte Versuchsmaschinen .... S. 29
   2.3 Einfluß der Feilmaschine auf die Feilleistung .... S. 30
       2.31 Kinematik .... S. 30
       2.32 Erste Verbesserung der Sägemaschine durch Zusatzeinrichtung .... S. 32
       2.33 Reibung in der Werkstoffzuführung und Einspannbedingungen .... S. 33
       2.34 Zweite Verbesserung der Werkstoffzuführung durch Verringerung der Reibung .... S. 38
   2.4 Einfluß der Feilbedingungen .... S. 38
       Einfluß des Werkstoffquerschnittes und des Andruckes   S. 38
       Einfluß der Feilstrichzahl auf die Feilleistung ... S. 39

Teil II
Systematische Leistungsuntersuchungen von Feilen

G l i e d e r u n g

Einleitung . . . . S. 41

1. Prüfmaschinen . . . . S. 41

2. Qualitätsmerkmale von Feilen . . . . S. 42

3. Eingesetzte Feilen und Prüfwerkstoffe . . . . S. 42

4. Versuchsergebnisse . . . . S. 44

   4.1 Einfluß von Feilenwerkstoffen auf die Feilleistung
       bei verschiedenen Prüfwerkstoffen . . . . S. 44

   4.2 Einfluß der Zahnform auf die Feilleistung . . . . . . S. 46

   4.3 Einfluß des Prüfwerkstoffes auf die Feilleistung . . S. 49

   4.4 Langzeit- und Kurzzeitversuche . . . . S. 51

5. Folgerungen . . . . S. 51

Zusammenfassung . . . . S. 53

Literaturverzeichnis . . . . S. 56

Vorwort

Wenn auch die Bedeutung der Feile als Handwerkzeug in hochindustrialisierten Ländern insbesondere bei der Massenfertigung durch wirtschaftlichere Fertigungsverfahren, die geringe oder keine Nacharbeit erfordern, und durch den wachsenden Einsatz von Schleifscheiben und -bändern zurückgegangen ist, so gibt es doch nicht nur Gebiete, auf denen die Feile sich weiter behaupten wird, zum Beispiel bei Reparaturen, Putz- und Schärfarbeiten, sondern es sind nicht zuletzt infolge der zunehmenden Lohnsteigerungen neue Anwendungsgebiete für den Einsatz von Feilen entstanden.

Hinzu kommt, daß der Weltbedarf an Feilen in den letzten Jahren gestiegen ist und führende Weltfirmen, die sich alle Möglichkeiten einer industrienahen Forschung zunutze machen und daher einen hohen Stand der Gleichmäßigkeit von Feilen und der Fertigungsmechanisierung erreichen können, ihre Feilenfabrikation vergrößert bzw. neue Werke für die Feilenherstellung errichtet haben.

Nach dem derzeitigen Stand der Technik ist die Feilenherstellung bei den meisten einschlägigen Firmen noch sehr stark lohnorientiert. Trotz aller Sorgfalt und Sachkunde in den einzelnen Fertigungsgängen bestehen erhebliche - gefühlsmäßig beurteilte - Unterschiede in den Leistungen gleichartiger Feilen nicht nur verschiedener Hersteller, sondern darüber hinaus auch bei Feilen aus gleicher Charge.

Bei den etwa 30 Arbeitsgängen bestimmen die Güte der Feile im Endzustand z.Z. noch zu viele im einzelnen nicht exakt festzulegende und technisch beherrschbare Einflüsse. Außerdem sind die Leistungen der zur Erprobung gelangenden Feile bei den nicht einheitlichen bisherigen Feilenprüfgeräten nicht oder nur sehr bedingt vergleichbar, ganz abgesehen davon, daß die wenigen, veralteten Prüfmaschinen, mit denen hier und da noch gearbeitet wird, grundsätzliche Mängel aufweisen und zur Bedienung langjährig eingearbeitete Fachkräfte benötigen, wenn das an sich ohnehin schon fragliche Prüfergebnis wenigstens annähernd reproduzierbar sein soll. Hinzu kommt, daß die Prüfdauer zu groß ist und aus wirtschaftlichen Gesichtspunkten wesentlich abgekürzt werden müßte.

In vorliegender Arbeit werden in Teil I die für die Feilleistung maßgeblichen, durch die Kinematik der Feilmaschine und durch das Verfahren bedingten Einflüsse untersucht, eine Feilleistungsprüfmaschine entwickelt und somit die Voraussetzungen für Teil II geschaffen, der sich mit systematischen Leistungsuntersuchungen zur Aufdeckung der Zusammenhänge beispielsweise zwischen Feilenzahnform und Feilleistung befaßt.

Teil I

Einleitung

Wie problematisch und schwierig die Leistungsprüfung von Feilen ist, geht aus der Tatsache hervor, daß von den etwa 10 bekanntesten Prüfverfahren sich bisher kein einziges in der Praxis durchgesetzt hat und seit vielen Jahren keine Prüfmaschine mehr hergestellt wurde.

Um die Problematik der Feilenprüfung aufzuzeigen, werden zunächst die bisher bekanntgewordenen Prüfmethoden und Prüfmaschinen auf ihre Vor- und Nachteile sowie auf ihre wirtschaftlichen Einsatzmöglichkeiten kritisch betrachtet.

Dann werden für den Feilvorgang geeignet erscheinende Maschinen (Feilleistungsprüfmaschine älterer Bauart, Feil- und Sägemaschine) bezüglich der Reproduzierbarkeit der Feilergebnisse vergleichend untersucht, um etwaige Mängel der Maschinen und der Ursachen festzustellen.

Dabei sollen einerseits die beim Einsatz der Feilen in der Praxis auftretenden Bedingungen, andererseits die Wünsche der Feilenhersteller und -verbraucher insbesondere hinsichtlich einfacher, zuverlässiger nicht besondere Fachkräfte erfordernder Bedienung der Maschine möglichst weitgehend berücksichtigt werden.

Eine gewisse Erschwerung für die Durchführbarkeit der Aufgabe bedeutet die Forderung eines der einschlägigen Industrie zumutbaren möglichst niedrigen Anschaffungspreises für eine Prüfmaschine.

1. Bisherige Erkenntnisse aus Literatur, praktischen Erfahrungen und Vorversuchen; Kritik

1.1 Bisher gebräuchliche Feilenprüfverfahren

Verschiedene Feilenprüfverfahren hat SLATTENSCHEK übersichtlich in seiner Dissertation an der Technischen Hochschule Graz aufgeführt. Einige davon haben insofern Bedeutung erlangt, weil mit ihnen eingehende Untersuchungen durchgeführt worden sind. Sie vermittelten u.a. Erkenntnisse über die Druckänderung während eines Feilstriches beim Handfeilen, über den Geschwindigkeitsverlauf während des Arbeits- und Rückhubes beim Handfeilen; ferner wurde der Verlauf der Schnittgeschwindigkeit beim Handfeilen und bei verschiedenen Feilenprüfmaschinen gegenübergestellt.

Die wenigen Feilleistungsprüfmaschinen, die bisher noch verwendet werden, arbeiten nach dem von E. G. HERBERT entwickelten Prinzip (Abb. 1) teils mit teils ohne den von RIPPER und VOEGLI entwickelten Zusatzapparaten zur Vermeidung des Blankfeilens. Bei dieser Maschine wird die

A b b i l d u n g   1
Feilenprüfmaschine nach HERBERT-VOEGLI
(Aufnahme der Versuchsanstalt der Werkzeugindustrie)

hochkant gestellte Feile 1 horizonatal hin- und herbewegt. Der senkrecht zur Fläche der Feile, ebenfalls horizontal angeordnete Prüfkörper 2 (Stab mit Vierkantquerschnitt) wird durch ein Gewicht mittels Rolle und Seil gegen die Feile gedrückt. Auf einer Schreibeinrichtung 3 wird die Längenänderung des Prüfstabes ($\triangleq$ dem abgefeilten Spanvolumen) über der Zahl der Hübe aufgezeichnet (Abb. 2).

Die Charakteristik des Kurvenverlaufes ermöglicht die Beurteilung der geprüften Feile. Eine Feile ist um so besser, je steiler und je weniger degressiv ihr Kurvenverlauf im Diagramm und je größer die Feilstrichzahl bis zum Erliegen der Feile ist.

Wenn die fest eingespannte Feile und der Prüfstab während des Prüfvorganges nicht geändert werden, kann es vorkommen, daß bei bestimmten Prüfwerkstoffen und ungünstigen Zahnlücken bei der Feile diese nach gewisser Zeit "blankfeilt" oder "Dorne zieht". Mit der erwähnten Zusatzeinrichtung von RIPPER soll dies dadurch vermieden werden, daß die

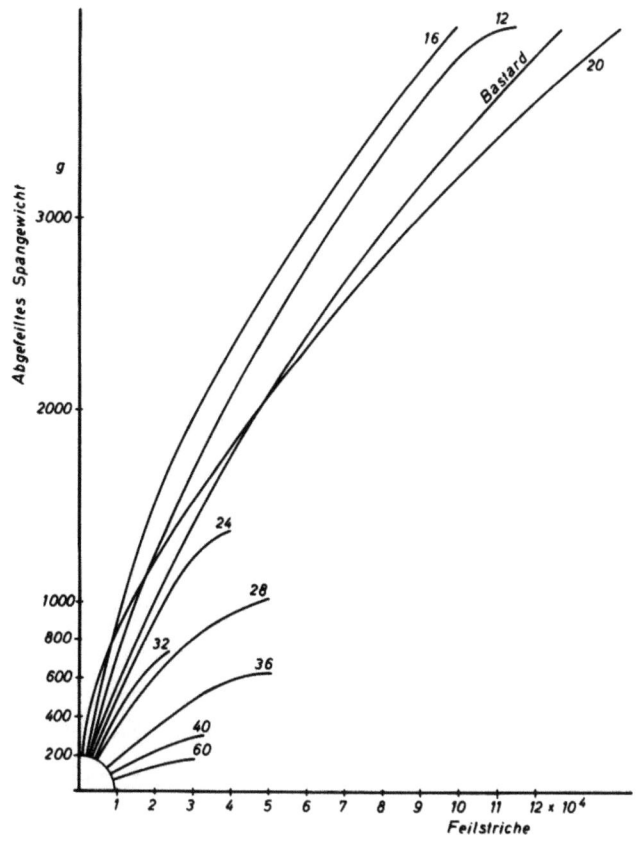

A b b i l d u n g   2
Feilleistungsdiagramm, aufgenommen mit der Prüfmaschine nach HERBERT
(aus Diss. Adolf SLATTENSCHEK)

Feile durch einen kombinierten Ketten- und Schneckentrieb selbsttätig abwechselnd nach oben und unten langsam verschoben wird.

Auch E. VOEGLI hat zwei Vorschläge zur Verbesserung des Prüfprinzipes nach HERBERT gemacht. Über ein Klinkengesperre, das vom Feilenhub bzw. von der Hubbewegung gesteuert wird, schwenkt ein Exzenter die Feile so, daß bei kleinerem Prüfstabquerschnitt als Feilenbreite die Feile gleichmäßig beansprucht wird. Ferner schlägt er noch die Drehung des Prüfkörpers, und zwar um $36°$, vor.

Eine Kraftmeßeinrichtung zwischen Feile und Antrieb verwendet M.A. ESPINASSE bei der von ihm entwickelten Feilenprüfmaschine. Es handelt sich dabei um ein einfaches Federdynamometer, bei dem die Wegänderung, ablesbar auf einer Skala, der beim Arbeitshub auftretenden Beanspruchung der Feile proportional ist. Der Prüfstab wird ebenfalls selbsttätig gedreht. Die Feile ist beim Arbeitshub durch ein Gewicht belastet, das beim Rückhub abgehoben wird. Aufgezeichnet wird als Diagramm über der Zahl der ausgeführten Hübe die Länge des abgefeilten Werkstoffes, die dem Spanvolumen proportional ist.

Im Gegensatz dazu wird auf der von C. FREMONT entwickelten Feilenprüfmaschine der Verlauf des Schnittdruckes registriert, und zwar als Wegkraft-Schaulinie, deren eingeschlossene Fläche der geleisteten Feilenarbeit entspricht. Beim Rückhub wird dabei die Feile nicht entlastet; im übrigen entspricht sein Prüfprinzip dem vorher erwähnten.

Prinzipiell andere Lösungen gibt BUXBAUM in zwei Vorschlägen an. Nach seinem ersten Vorschlag soll der Prüfwerkstoff als eine zur Rotationsachse schräg gestellte Scheibe rotierend an die Feile angedrückt werden. Der zweite Vorschlag sieht vor, daß zwei getrennt um einen Einspannpunkt schwenkbare Feilen an die Stirnseite des als Prüfkörper vorgesehenen um seine Achse rotierenden dickwandigen Rohres bei ihrer Hubbewegung angedrückt werden.

Bei diesem Prüfverfahren ergeben sich folgende Nachteile: Wird nach dem ersten Vorschlag der rotierende Prüfkörper nicht relativ zur Feile bewegt oder umgekehrt, werden von der Feile nur verhältnismäßig wenig Zähne "geprüft", die außerdem, was ein erheblicher Nachteil ist und der Praxis nicht entspricht, ständig in ihrer eigenen Rille feilen. Bei dem zweiten Vorschlag kann es sehr leicht vorkommen, daß die Rotationsachse des rohrförmigen Prüfkörpers nicht genau senkrecht zur Feilenebene steht, daß die Feile nur auf einer Berührungslinie tatsächlich beansprucht wird, während beim Handfeilen in jedem Falle die Feile auf einer mehr oder weniger großen Fläche Feilarbeit leistet.

Bei der Feilenprüfmaschine nach HERBERT-RIPPER bzw. HERBERT-VOEGLI hat sich herausgestellt, daß die aus den letzten Jahren vorliegenden Feilleistungskurven Unstetigkeiten aufweisen, was auch nach Angabe von Herstellern und Verbrauchern bei der Anwendung eines beliebigen anderen der erwähnten Prüfverfahren der Fall ist.

Ob die Beurteilung der Feilen auf Grund der mit Prüfmaschinen erzielten Ergebnisse mit dem praktischen Gebrauch übereinstimmt und inwieweit sich dies auf die Unterschiede beim "Hand"- bzw. "Maschinenfeilen" oder auf eine gewisse Beeinflußbarkeit der Ergebnisse durch unvermeidbare Ungleichmäßigkeiten der Feileneinspannung, Andruckschwankungen, Inhomogenität des Prüfwerkstoffes, sowie Toleranzen der Feilengeometrie zurückführen läßt, ist bisher noch ungeklärt und soll noch im Abschnitt 2 näher untersucht werden. Jedenfalls muß nach bisherigen Erfahrungen angenommen werden, daß Unstetigkeiten nicht durch Änderungen des Werkzeuges, sondern durch ungewollte, bisher nicht beeinflußbare zum Teil auch nicht in ihrer Auswirkung auf das Feilergebnis erkannte Veränderungen der Versuchsbedingungen verursacht werden.

SLATTENSCHEK kam daher schon zu dem Schluß, daß die in den erwähnten Prüfverfahren ersichtlichen Mängel nur durch ein neues Prüfprinzip behoben werden können und entwickelte eine Feilenprüfmaschine (Abb. 3).

A b b i l d u n g   3
Feilenprüfmaschine nach SLATTENSCHEK
(aus Diss. Adolf SLATTENSCHEK)

Bei dieser können gleichzeitig zwei langsam hin- und hergehende Feilen durch je einen vergleichsweise schnell rotierenden scheibenförmigen Prüfkörper, dessen Rotationsebene mit der Längsrichtung der Feile einen bestimmten Winkel bildet, geführt werden.

Der Andruck des Prüfkörpers gegen die Feile läßt sich auf einen gewünschten Wert einstellen. Durch Drehzahlregelung des angetriebenen Prüfkörpers wird eine bestimmte Feilgeschwindigkeit gewährleistet. Mittels elektrischer Schnittkraftmesser wird der Verlauf der für die errechnete

Zerspanungsarbeit erforderlichen Schnittkraft registriert; außerdem wird das abgefeilte Spanvolumen gewogen und in Beziehung zu der am Feilvorgang beteiligten Zähnezahl gebracht. Ferner wird eine Formel für die Abstumpfung aus dem Verhältnis zwischen dem abgefeilten Spangewicht bezogen auf eine bestimmte Feilweglänge zum maximalen Spangewicht (am Anfang des Feilvorganges) aufgestellt.

Mit dem Prüfverfahren nach SLATTENSCHEK sollen die Nachteile der anderen bisher bekanntgewordenen Prüfverfahren weitgehend vermieden werden. Die für dieses Verfahren entwickelte Prüfmaschine weist jedoch einen komplizierten Aufbau auf und erfordert einen Kostenaufwand, der in keinem Verhältnis zu dem zu erwartenden Ergebnis steht; die Beschaffung dieser Maschine kam bisher für einschlägige Firmen nicht in Betracht.

Sämtliche der aufgezeichneten Feilleistungs-Prüfmethoden beruhen auf Abnutzung der Feilen bis mindestens zu 50 000 Feilstrichen (ca. 15 Stunden Feildauer) dabei wird die geprüfte Feilenseite am Ende der Versuche unbrauchbar.

Nach bisherigen Versuchsergebnissen anderer Institute, Hersteller und Verbraucher zeigen Feilen aus gleicher Charge mitunter erhebliche Leistungsunterschiede; diese können auch bei verschiedenen Seiten derselben Feile bis zu 50 % betragen, sofern die bisher nicht nachgewiesene Reproduzierbarkeit der Versuchsergebnisse nicht in Frage gestellt wird.

Aus vorstehender Situation ergeben sich verschiedene Fragen:

1. Besteht zwischen der abgefeilten Spanmenge und der Feilstrichzahl ein gesetzmäßiger Zusammenhang?

2. Können auf verschiedenen Maschinen durchgeführte Feilleistungsprüfungen zu gleichen Beurteilungen führen und unter welchen Bedingungen?

3. Inwieweit ist es sinnvoll, den Verschleiß der Feilen nach bisherigen Langzeit-Prüfverfahren zu bestimmen? Läßt sich die Prüfdauer wesentlich abkürzen?

Die Beantwortung dieser Fragen ist nach Aufdeckung verschiedener bisher nicht geklärter Zusammenhänge durch systematische Versuche möglich.

1.2 Auswertung von bisherigen Versuchsergebnissen

Um etwaige Gesetzmäßigkeiten bei der Feilenleistungsprüfung festzustellen, wurden die mit der Feilleistungs-Prüfmaschine Typ HERBERT-

VOEGLI, Bauart: de Fries (Abb. 1) aufgenommenen Diagramme der Versuchsanstalt über Feilleistungen von verschiedenen Feilenarten zusammengefaßt, und zwar neun Schärffeilen (Mühlensägen- und Brettfeilen) 200 mm lg., 19 Hiebe/cm (Abb. 5 und 6), sechs Dreikantfeilen, 6 bis 9 Hiebe/cm, 20 Werkstattflachfeilen, Ober- und Unterhieb 7 bis 9 Hiebe/cm, zwei gefräste Feilen, fünf Hiebe/cm (Abb. 7 und 8). Außerdem liegen die Feilleistungskurven von 10 Werkstattflachfeilen (Bastard) aus der Dissertation SLATTENSCHEK (Abb. 2) und von vier Werkstattfeilen (Bastard) (Abb. 9) aus neuen Versuchen vor.

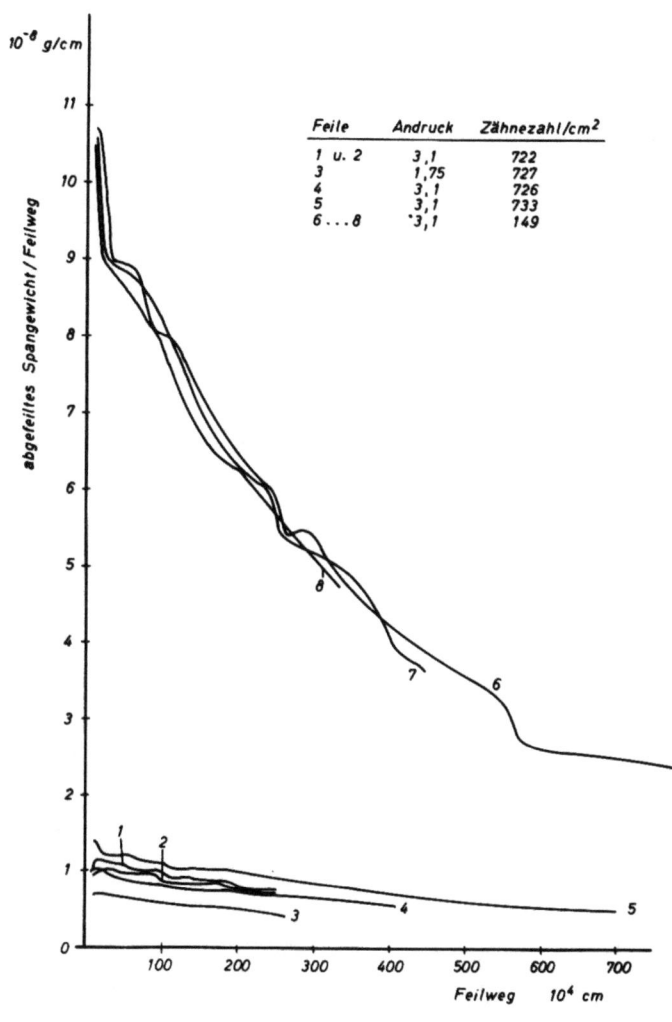

A b b i l d u n g   4
Feilleistungsdiagramm, aufgenommen mit Prüfmaschine
nach Adolf SLATTENSCHEK

Insgesamt wurden 50 Diagramme von in bezug auf Hiebzahl und Verwendungszweck verschiedenen Feilensorten ausgewertet, von denen, wie ersichtlich, 39 Diagramme, das sind 78 %, regelmäßig verlaufen; von diesen kann man

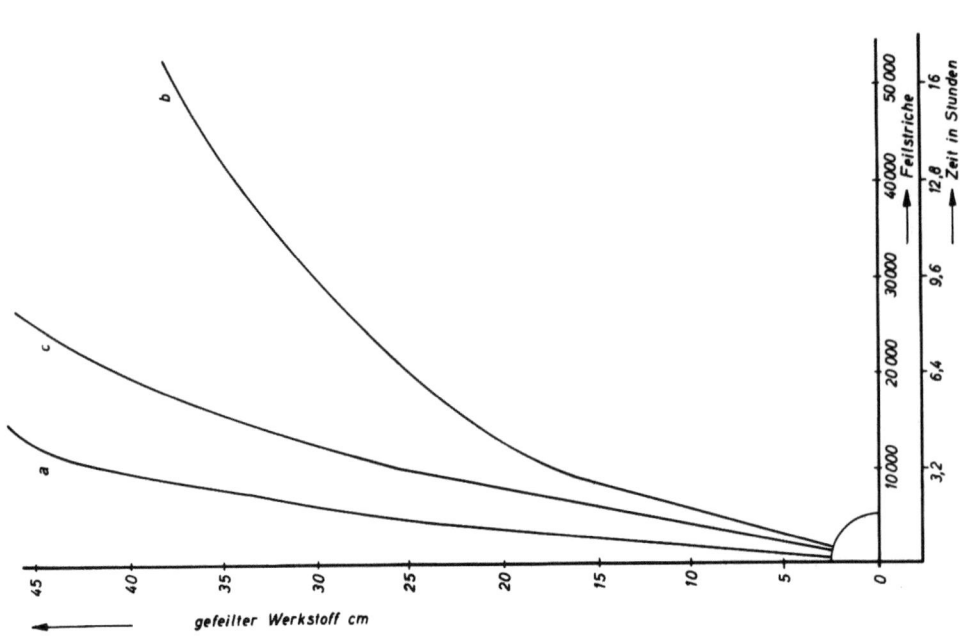

Abbildung 6

Feilleistung von flachstumpfen Mühlensägenfeilen auf der HERBERTschen Feilenprüfmaschine; Bauart: De Fries (Vers.Anstalt d.Werkzeugindustrie) Feilstrichlänge: 120 mm; Hubzahl 52/min; Andruck: a, b : 7,5 kg; c : 15 kg; gefeilter Werkstoff: Sägenstahl 49 – 50 HRc; Querschnitt: 2,5 x 15 mm²

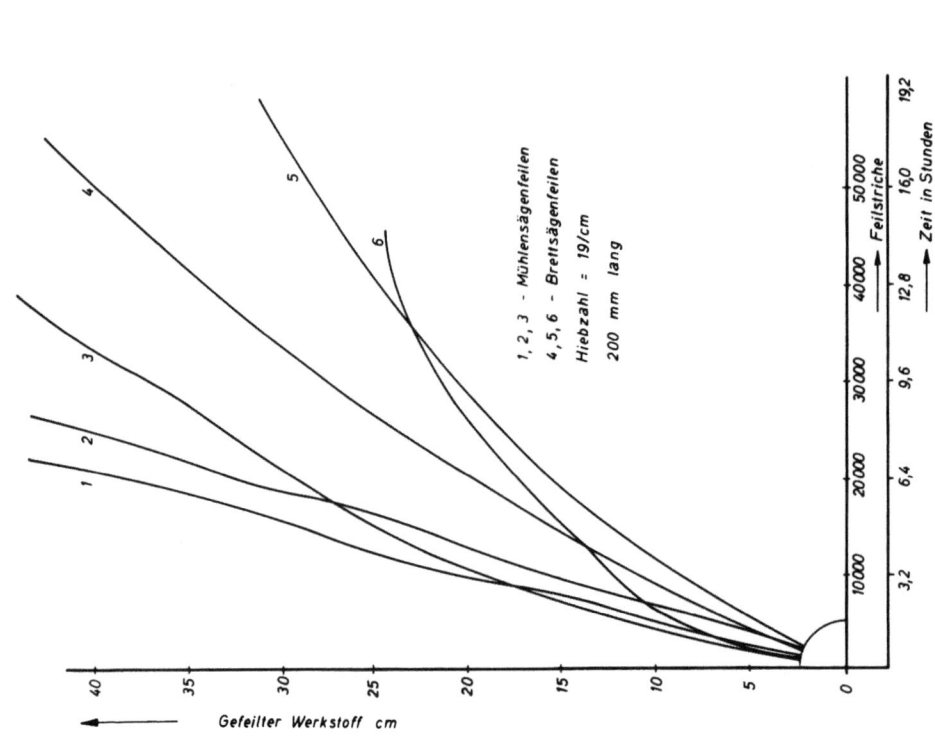

Abbildung 5

Feilleistung von flachstumpfen Mühlen- und Brettsägenfeilen auf der HERBERTschen Feilenprüfmaschine Bauart: De Fries (Vers.Anstalt d.Werkzeugindustrie) Feilstrichlänge: 80 mm; Hubzahl: 52/min; Andruck: 7,5 kg; gefeilter Werkstoff: Sägenstahl; Querschnitt 2,7 x 15 und 2,5 x 15 mm²

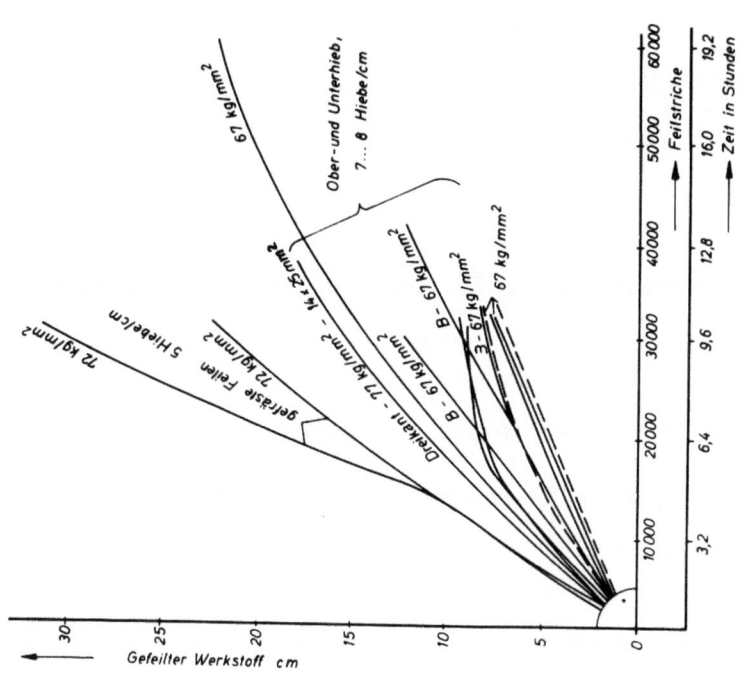

Abbildung 8

Feilleistung von Bastard-Feilen auf der HERBERT-
schen Feilenprüfmaschine. Bauart: De Fries
(Vers.Anstalt d. Werkzeugindustrie)
Feilstrichlänge: 120 mm; Hubzahl: 52/min; Andruck:
15 kg; gefeilter Werkstoff: SM Stahl;
Querschnitt: 25 x 25 mm²

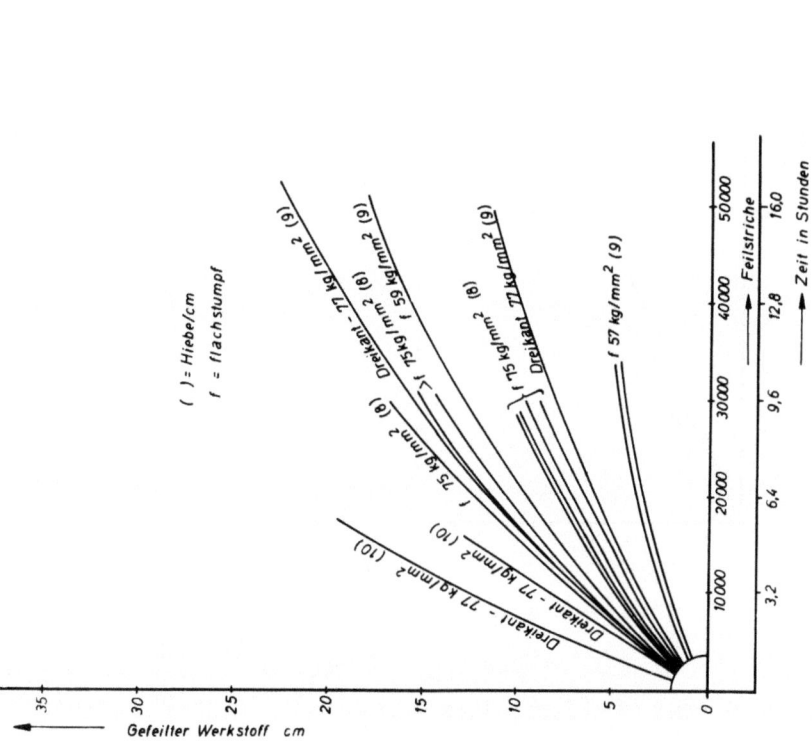

Abbildung 7

Feilleistung von flachstumpfen und Dreikant-Bastard-
Feilen auf der HERBERTschen Feilenprüfmaschine;
Bauart: De Fries (Vers.Anstalt d. Werkzeugindustrie)
Feilstrichlänge: 100 mm; Hubzahl: 52/min; Andruck:
15 kg; gefeilter Werkstoff: SM Stahl; Querschnitt:
25 x 14 bzw. 25 x 22 mm²

annehmen, daß die Versuchsbedingungen während der Feilversuche je Feile gleich geblieben sind. Von den 11 als unregelmäßig bezeichneten Kurven weisen sechs nur je eine Unstetigkeitsstelle auf; vor und nach dieser verläuft die Kurve stetig.

Um zu prüfen, welche Gesetzmäßigkeit bei der Abnutzung vorliegt und gegebenenfalls eine Formel für die Feilleistung in Abhängigkeit von der Feilstrichzahl aufzustellen, wurden von den nach Augenschein gesetzmäßig verlaufenden Diagrammen (Abb. 5 bis 8) wahllos 14 Diagramme ausgewertet. Bei jeder Kurve wurden die abgefeilten Spangewichte bzw. die abgefeilten Längen nach 5 000, 10 000, 20 000 und 40 000 Feilstrichen abgelesen und die so gefundenen Werte in Tabelle 1 eingetragen.

In gleicher Weise wurden die Diagramme aus der Arbeit SLATTENSCHEK (Abb. 2) ausgewertet und in Tabelle 1a eingetragen. Bei diesen ist zu bemerken, daß die abgefeilten Spangewichte im Vergleich zu den nach Umrechnung der abgefeilten Längen aus Abbildung 5 bis 9 erhaltenen Spangewichten um ein Vielfaches höher liegen. Über die Versuchsbedingungen

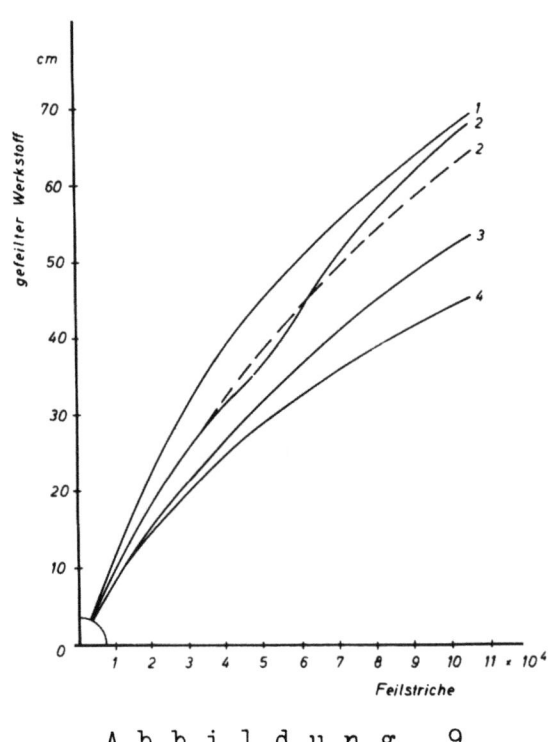

Abbildung 9

Feilleistung von Werkstattfeilen, Maschinentyp: HERBERT-VOEGLI
Feilstrichlänge: 150 mm, Hubzahl: 52/min, Andruck 15 kg,
gefeilter Werkstoff: SM Stahl, 72 kg/mm^2, Querschnitt: 25x25 mm^2
1 und 3: Flachstumpffeilen Hieb 7/7, 2: Bastardfeile Hieb 7/7,
4: Bastardfeile Hieb 7/8

ist nichts bekannt. Es dürfte jedoch vermutlich ein weicherer Prüfwerkstoff bzw. ein größerer Andruck gewählt worden sein.

T a b e l l e 1

Versuchsergebnisse mit der Feilleistungsprüfmaschine
nach HERBERT-VOEGLI

Feile Kennzeichen Art	Länge mm Hiebzahl/cm OH/UH	Prüfwerkstoff Stahlsorte Querschnitt [mm^2] Härte bzw. Festigkeit	Feilstrichlänge mm Feilstrichzahl Andruck [kg/cm]	abgefeilte Länge nach z Feilstrichen z = 5000 20000 10000 40000 [mm]
a Dreikant	– 9/8	SM-Stahl 14x25 77 kg/mm^2	100 52 4,3	1,8 5,8 3,4 9,8
b Flach-F	– 9/9	SM-Stahl 14x25 77 kg/mm^2	100 52 4,3	3,4 9,6 5,8 15,8
c Dreikant	– 9/8	SM-Stahl 14x25 77 kg/mm^2	100 52 4,3	3,4 11,6 6,6 19,0
d Dreikant	250 9/8	SM-Stahl 14x25 77 kg/mm^2	100 52 4,3	1,6 5,4 3,0 9,6
e Brettsägen (flachspitz)	250 19/19	Sägenstahl 15x25 49-50 HRc	80 52 2,0	5,2 16,0 9,2 28,8
f Brettsägen (flachspitz)	250 19/19	Sägenstahl 15x25 49-50 HRc	80 52 2,0	6,6 20,4 11,4 41,0
g Werkstatt (flachstumpf)	400 7/7	SM-Stahl 25x25 72 kg/mm^2	150 50 2,4	5,4 22,6 11,6 38,4
h Werkstatt (bastard)	350 8/7	SM-Stahl 25x25 72 kg/mm^2	150 50 2,4	5,4 19,2 10,4 31,8
i Werkstatt (flachstumpf)	300 8/8	SM-Stahl 25x25 77 kg/mm^2	150 50 2,4	2,8 9,6 5,0 18,0

Die Verhältniszahlen der abgefeilten Längen $l_{2z} : l_z$ aus Tabelle 1 bzw. der abgefeilten Gewichte $g_{2z} : g_z$ aus Tabelle 1a zwischen doppelter (2z) und einfacher (z) Feilstrichzahl sind in Tabelle 2 bzw. 2a aufgeführt.

Tabelle 1a

Versuchsergebnisse mit der Feilleistungs-
prüfmaschine nach HERBERT

Feilen-Nr. aus Abb. 2	abgefeiltes Gewicht [g] nach z Feilstrichen					
	z = 10 000	15 000	20 000	30 000	40 000	80 000
16	960	1310	1560	1970	2340	3510
12	740	1010	1270	1670	2100	3350
Bastard	590	820	1030	1400	1770	2930
20	870	1060	1230	1560	1810	2770
24	500	710	930	1220	-	-
32	420	-	690	-	-	-
28	350	500	610	800	930	-
36	180	260	340	480	590	-
40	120	165	220	290	-	-
60	75	105	140	175	-	-

Außerdem wurden noch die Verhältniszahlen zwischen vierfacher bzw. achtfacher und einfacher Teilstrichzahl gebildet und in die Tabellen 2 und 2a eingetragen.

Tabelle 2

Verhältniszahlen der abgefeilten Längen
(aus Tabelle 1)

Feile	$l_{2z} : l_z$			$l_{4z} : l_z$		$l_{2z} : l_z$
	$\frac{l_{10\,000}}{l_{5\,000}}$	$\frac{l_{20\,000}}{l_{10\,000}}$	$\frac{l_{40\,000}}{l_{20\,000}}$	$\frac{l_{20\,000}}{l_{5\,000}}$	$\frac{l_{40\,000}}{l_{10\,000}}$	$\frac{l_{40\,000}}{l_{5\,000}}$
a	1,89	1,70	1,7	3,21	2,88	5,45
b	1,71	1,66	1,65	2,82	2,83	4,65
c	1,94	1,76	1,64	3,41	2,88	5,60
d	1,88	1,80	1,78	3,38	3,2	6,0
e	1,77	1,74	1,8	3,09	3,2	5,46
f	1,88	1,79	2,0	3,37	3,6	6,2
g	1,93	1,85	1,66	3,56	3,06	5,9
h	1,73	1,92	1,68	3,43	3,60	6,45
Mittel	1,85	1,78	1,74	3,28	3,15	5,7

Tabelle 2a

Verhältniszahlen der abgefeilten Spangewichte

Feilen-Nr. aus Abb. 2	$g_{2z} : g_z$				$g_{4z} : g_z$		$g_{8z} : g_z$
	$\frac{g_{20000}}{g_{10000}}$	$\frac{g_{30000}}{g_{15000}}$	$\frac{g_{40000}}{g_{20000}}$	$\frac{g_{80000}}{g_{40000}}$	$\frac{g_{40000}}{g_{10000}}$	$\frac{g_{80000}}{g_{20000}}$	$\frac{g_{80000}}{g_{10000}}$
16	1,625	1,5	1,5	1,5	2,44	2,25	3,66
12	1,72	1,65	1,65	1,6	2,84	2,64	4,53
Bastard	1,75	1,71	1,66	1,66	3,02	2,84	4,97
24	1,86	1,72	-	-	-	-	-
32	1,64	-	-	-	-	-	-
28	1,74	1,6	1,52	-	2,66	-	-
36	1,89	1,85	1,74	-	3,28	-	-
40	1,83	1,76	-	-	-	-	-
60	1,87	1,67	-	-	-	-	-
Mittel	1,7	1,7	1,6	1,57	2,85	2,5	4,4

Aus den Tabellen 2 und 2a ist zu entnehmen, daß sich bei den vergleichbaren Mittelwerten der Verhältniszahlen zum Beispiel

$l_{20\,000} : l_{10\,000} = 1,78$ und $g_{20\,000} : g_{10\,000} = 1,7$ bzw.

$l_{40\,000} : l_{10\,000} = 3,15$ und $g_{40\,000} : g_{10\,000} = 2,85$

für die Praxis unbedeutende Unterschiede ergeben. Diese Feststellung ist um so bemerkenswerter, als für die Auswertung von hinsichtlich Art, Hiebzahl, Herkunft und Alter unterschiedliche Diagramme zur Verfügung standen, und zwar die unter unbekannten Feilbedingungen mit der Maschine Typ HERBERT aufgenommenen Diagramme aus der Arbeit SLATTENSCHEK (Abb.2), ferner die aus den unter verschiedenen Feilbedingungen mit der Prüfmaschine HERBERT-VOEGLI von der Versuchsanstalt der Werkzeugindustrie aufgezeichneten Diagramme. Außerdem wurden auch die mit den eingesetzten Versuchsmaschinen erhaltenen Ergebnisse (s. Abschn. 2) ausgewertet.

Bei der Bildung der Verhältniszahlen für die Feilleistung zwischen doppelter und einfacher Feilstrichzahl ist zu beachten, daß diese mit zunehmender Feilstrichzahl geringfügig abnehmen.

Es ergeben sich folgende mittlere Verhältniszahlen

$g_{20\,000} : g_{10\,000} = 1,7$, $g_{40\,000} : g_{20\,000} = 1,6$,

$g_{80\,000} : g_{40\,000} = 1,57$.

Dies ist gegebenenfalls bei einem Vergleich der Leistungen von Feilen gleicher Abmessungen und Hiebzahl zu berücksichtigen.

Die Mittelwerte der Verhältniszahlen von Spanleistungen bei 2-, 4- bzw. 8facher Feilstrichzahl, zu der bei einfacher Feilstrichzahl ($z = 10\,000$) wurden in Abhängigkeit von der Feilstrichzahl in Abbildung 10 dargestellt.

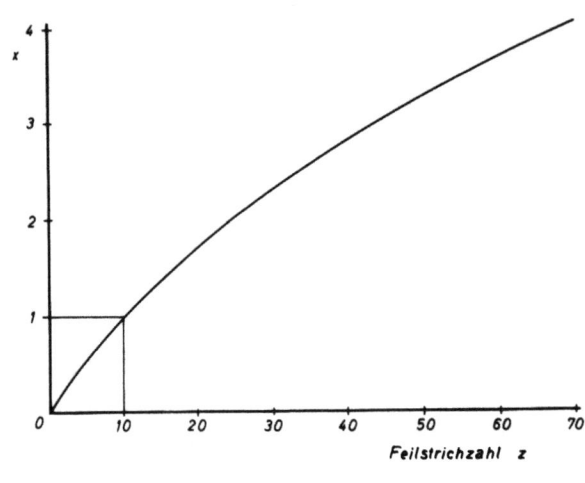

A b b i l d u n g   10

Verhältnis x der Feilleistungen bei Z und $Z_1 = 10000$ Feilstrichen

<u>1.3 Folgerungen</u>

Wegen des gesetzmäßigen Zusammenhangs zwischen den Feilleistungen und den Feilstrichzahlen ist es vermutlich nicht erforderlich, bei gleichbleibenden Feilbedingungen und störungsfrei verlaufenden Feilversuchen große Feilstrichzahlen zum Beispiel 100 000 anzustreben. Sofern nicht noch Einflußgrößen auftreten, die bisher nicht in Erscheinung traten oder erkannt werden konnten, läßt sich schon auf Grund von Kurzversuchen eine Beurteilung der Feile bezüglich ihrer Leistung vornehmen.

Wenn nämlich ein Punkt im Anfangsbereich des Diagrammes, zum Beispiel nach $z_1 = 10\,000$ Feilstrichen mit hinreichender Genauigkeit bei störungsfreiem Feilvorgang (insbesondere bei gleichem homogenen Feilenwerkstoff ohne Zusetzen der Feile) ermittelt wird, läßt sich der weitere

Kurvenverlauf bestimmen. Nach einer beliebigen Feilstrichzahl z ergibt sich das zerspante Gewicht G nach folgender Annäherungsformel:

$$G = g_{10\,000} \cdot x \qquad (1)$$

In dieser Gleichung bedeuten: $g_{10\,000}$ zerspantes Gewicht nach 10 000 Feilstrichen; Faktor x entnehmen wir dem Diagramm (Abb. 10).

Beispiel:

Gesucht G für z = 80 000 Feilstriche,

aus Diagramm x = 4,4,

nach 10 000 Feilstrichen wurde ermittelt g_1 = 70 gr.

Somit ergibt sich G = 70 · 4,4 = 308 gr.

Liegt ein Feilergebnis nicht bei 10 000 Feilstrichen vor, sondern bei der beliebigen Feilstrichzahl z, so erweitert sich die Formel:

$$G = \frac{g_z}{x_z} \cdot x \qquad (2)$$

Als Folge des gesetzmäßigen Kurvenverlaufes bei den einzelnen Seiten von Feilen läßt sich die gefundene Gesetzmäßigkeit auch zwischen den Kurven für verschiedene Feilen bei gleicher Feilstrichzahl nachweisen. Hierzu wurden die Verhältniszahlen der abgefeilten Längen bzw. Gewichte für je zwei Verschleißkurven zum Beispiel a : b; b : c; m : n usw. in Tabelle 3 eingetragen, und zwar nach jeweils 5 000, 10 000, 20 000 und 40 000 Feilstrichen.

Tabelle 3

Verhältniszahlen für verschiedene Feilleistungskurven bei gleichen Feilstrichzahlen z; 2z; 4z; 8z

Feilleistungs-kurven n.Tab.1	z = 5000	2z = 10000	4z = 20000	8z = 40000	Mittelwert	± %
a : b	0,53	0,58	0,6	0,63	0,58	9
b : c	(1,0)	0,88	0,83	0,84	0,85	4
d : e	0,31	0,32	0,34	0,33	0,33	5
f : g	1,1	1,0	0,89	1,07	0,99	11
m : n	1,1	1,1	1,2	-	1,14	5
m : o	(2,3)	1,7	1,68	1,78	1,73	3
n : o	1,96	1,9	1,87	-	1,91	3

Aus der Tabelle geht hervor, daß zwischen zwei beliebigen Feilleistungskurven zum Beispiel a und b nach gleichen an sich beliebig gewählten Feilstrichzahlen das Verhältnis der abgefeilten Spanmengen nur geringe Unterschiede aufweist. Daraus könnte man folgern, daß eine Beurteilung der Feilleistung von zwei verschiedenen Feilen nicht erst auf Grund von Langzeitversuchen (z.B. nach 100 000 Feilstrichen), sondern schon nach 5 000 oder 10 000 Feilstrichen möglich sein dürfte, sofern es sich um Feilen gleicher Ausführung (z.B. Werkstattfeile, flachstumpf Hieb 1) handelt.

Die Streuungen der Verhältniszahlen liegen bei den verschiedenen Beispielen zwischen 3 bis 11 %, im Mittel bei 6 %. Die Unterschiede treten durch bisher nicht geklärte Einflüsse auf, die bei jeder Feile verschieden sein können und sich bei Errechnung einer Verhältniszahl addieren bzw. sogar multiplizieren. Dies zeigt sich in der Tabelle in den starken Abweichungen der Werte verschiedener Feilenpaare bei gleicher Feilstrichzahl.

Wenn man bedenkt, daß der Prüfwerkstoff in bezug auf Homogenität nicht untersucht wurde, daß ferner das Zusetzen der Feilen bei dem automatischen Feilvorgang nicht ständig beobachtet wurde und auch nicht beobachtet werden kann und daß die Ergebnisse von drei verschiedenen Maschinen unter verschiedenen Feilbedingungen erhalten wurden, dann sind die Abweichungen von dem gesetzmäßigen Kurvenverlauf bei den bisher betrachteten 39 von 50 Kurven unbedeutend.

Somit ist die grundsätzlich bestehende Gesetzmäßigkeit der Feilleistung in Abhängigkeit von der Feilstrichzahl auf zwei verschiedene Arten nachgewiesen.

Bei den von der Norm abweichenden 11 Kurven kann die Ursache der Abweichungen vermutlich auf Änderung der Feilbedingungen (z.B. plötzliche Änderungen der Zahnform, Ausbrüche, Zusetzen, Inhomogenität des Prüfwerkstoffes, Änderung des Andruckes) zurückgeführt werden.

Die Zahnformen können sich insbesondere dann vergleichsweise schnell ändern (vergl. auch neue Diagramme aus Tabelle 2), wenn die Feilenzähne ausgesprochen feine Spitzen (Fliem) aufweisen, die der Feile eine große Anfangsschärfe geben (Abb. 11a). Brechen jedoch die Spitzen weg, dann wird die Feile stumpfer (Abb. 11b), und die Leistung geht zurück. Dieser Fall liegt anscheinend bei den Kurven mit einem Knick

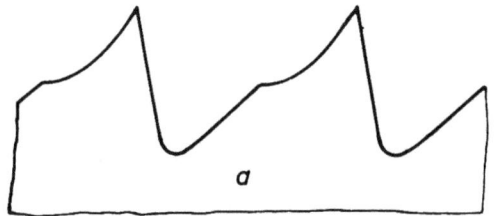 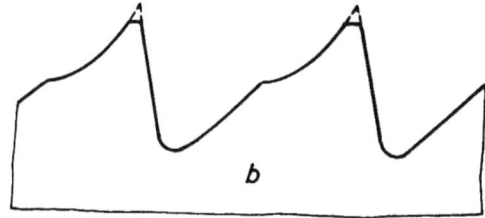

Abbildung 11
Feilenzähne mit scharfer Spitze (Fliem)
a Anlieferungszustand,   b nach Einsatz

nach unten vor, zum Beispiel bei den Kurven 20 aus Abbildung 2; 6 aus Abbildung 5; b aus Abbildung 6 sowie 8 und 9 aus Abbildung 8.

Ein Abfall der Leistung kann aber auch von dem sogenannten "Zusetzen" oder "Dornziehen" verursacht werden. Das Zusetzen hängt einerseits mit der Gestalt und Oberflächengüte der Zahnlücken, andererseits mit den technologischen Eigenschaften des Prüfwerkstoffes zusammen. Beim Zusetzen kann die Feile durch Säubern oder u.U. auch von selbst in der Leistung besser werden. Man erhält dann Kurven mit zwei Knicken, so zum Beispiel zeigt Kurve 2 (Abb. 9) ein Abfallen der Leistung nach ca. 25 000 Feilstrichen. Nach 40 000 Feilstrichen wird die Kurve jedoch steiler - ebenso steil wie vor dem Knick bei 25 000 Feilstrichen.

Zwischen 25 000 und 45 000 Feilstrichen wird die Feile, wie aus dem Vergleich dieses Kurvenabschnittes zu der übrigen Kurve hervorgeht, weniger beansprucht. Setzt man den oberen Kurventeil nach 45 000 Feilstrichen an den unteren Kurventeil bei 25 000 Feilstrichen an, so ergibt sich der gestrichelte Verlauf 2' wie er sich etwa bei störungsfreien Feilversuchen auf Grund der Formel 1 ergeben würde.

Ein Anstieg der Leistung am Anfang der Diagramme kann auch eintreten, wenn geringfügig entkohlte Zahnspitzen durch Verschleiß freigelegt werden, so daß dann der härtere Kern zum Einsatz kommt.

Schließlich kann die Ursache des unstetigen Kurvenverlaufes noch in der Inhomogenität des Werkstoffes liegen. Dieser kann bei Änderungen seiner Härte, Festigkeit oder Zähigkeit einen Knick der Leistungskurven nach der einen oder anderen Richtung bewirken. In Kurve 6 (Abb. 8) handelt es sich entweder darum, daß bei der geprüften Feile der Prüfwerkstoff nach 15 000 Feilstrichen technologisch weicher war, oder aber es wurde der spezifische Andruck erhöht. Daß die Feile sich nach einer größeren

Feilstrichzahl nennenswert verbessert haben kann (Kurve zeigt höhere Feilleistung) ist auf Grund der Erfahrungen nicht anzunehmen.

Auch die mit der Feilenprüfmaschine von SLATTENSCHEK aufgenommenen Feilleistungskurven für die spezifische Feilleistung je Zahn in Abhängigkeit von dem Feilweg (Abb. 4) zeigen, daß - abgesehen von dem unstetigen Anfangsbereich - die Tendenz der Kurven stetig ist.

Bei auftretenden wesentlichen Unstetigkeiten im Diagramm muß sofort die Ursache festgestellt werden, falls die Ergebnisse einen Aussagewert haben sollen.

Bei bestimmten Prüfwerkstoffen und Zahnformen können die Feilen sich zusetzen bzw. zum Dornziehen neigen; in diesen Fällen ist der Angriff vergleichsweise gering, ebenso das abgefeilte Gewicht (flacher Verlauf der Feilleistungskurven).

2. Untersuchung von verfahrensmäßigen Einflußgrößen auf die Feilleistung

2.1 Grundsätzliches

Vor der eigentlichen Untersuchung der durch die Feile gegebenen Einflußgrößen wie Zahnform, Hiebzahl/cm, Feilenhärte usw. auf die Feilleistung müssen die verfahrensmäßigen Einflußgrößen, wie Festigkeit des Prüfwerkstoffes, Andruck, Feilstrichzahl/min und Feilstrichlänge bekannt sein.

Diese lassen sich aber aus den bisher vorliegenden Feilendiagrammen, abgesehen von den aufgezeichneten Gesetzmäßigkeiten nicht ermitteln, denn jedes mehr oder weniger von bisher unbekannten Einflußgrößen abhängige Diagramm gilt nur für eine bestimmte Seite einer einzigen Feile. Ein Zusammenhang kann also nur auf Grund der Auswertung mehrerer Diagramme von Feilen gleicher geometrischer Gestalt ermittelt werden.

Aus Erfahrungen weiß man, daß die Leistungskurven nicht nur von verschiedenen Feilen der gleichen Serie, sondern auch von verschiedenen Seiten derselben Feile stark bis zum Verhältnis 1 : 2 schwanken können.

Für die Ermittlung verfahrensmäßiger Einflußgrößen auf die Feilleistung gibt es zur Verringerung des Feileneinflusses vorzugsweise drei Möglichkeiten:

1. Reihenuntersuchungen mit ungeprüften Feilen möglichst aus gleicher Charge und statistische Auswertung.

2. Untersuchungen mit wenigen jedoch durch Kurzprüfung als gleich befundenen Feilen oder Feilenzonen (Abb. 12).

3. Kurzfeilversuche auf derselben Feilenseite mit nacheinander geänderten Feilbedingungen.

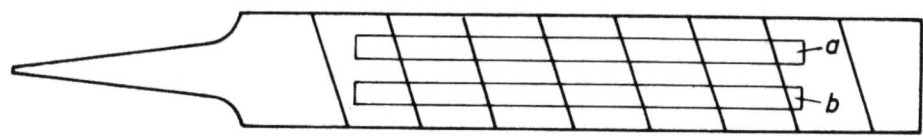

Abbildung 12
Feile mit 2 Verschleißbahnen a und b

Von den Reihenuntersuchungen 1 wurde wegen der gegenüber den anderen Möglichkeiten großen Dauer der Versuche und der Auswertung der Ergebnisse Abstand genommen. Abgesehen davon wäre ein vergleichsweise hoher Aufwand an Feilen und Prüfwerkstoff erforderlich gewesen.

Es wurde daher von den beiden anderen Möglichkeiten 2 und 3 zur Verringerung des Feileneinflusses Gebrauch gemacht.

Die Verwendung nach Kurzprüfung aussortierter gleicher Feilen bzw. Feilenzonen hat noch den Vorteil, daß sie Aufschluß gibt über die Gleichmäßigkeit von verschiedenen Seiten einer Feile bzw. von verschiedenen Zonen derselben Feilenseite (Abb. 12a). Von 12 Feilenseiten mit je drei Zonen a, b und c (insgesamt 36 Zonen) ergeben sich hier ca. zehn Zonen bzw. fünf Seiten mit 10 % Streuung. Die Werte der mittleren Zone b sind 8mal Mittel der Zonen a, b, c derselben Feilenseite.

Untersuchungen, bei denen nur Zonen der Feilen eingesetzt werden, erfordern geringen Aufwand an Feilen und Prüfwerkstoff; außerdem ist die Wahrscheinlichkeit größer, aus einer bestimmten Anzahl von Feilen mehr gleiche Zonen zu erhalten als gleiche Seiten.

Bei Kurzfeilversuchen muß die Einschränkung gemacht werden, daß die Schärfe der Zähne durch zu harte Prüfwerkstoffe und zu hohen Andruck nicht erheblich verändert werden darf. Um dies zu kontrollieren, müssen am Schluß der Versuche die ersten Feilbedingungen wiederholt werden. Die Feilergebnisse des ersten und letzten Versuchs dürfen sich nicht wesentlich voneinander unterscheiden.

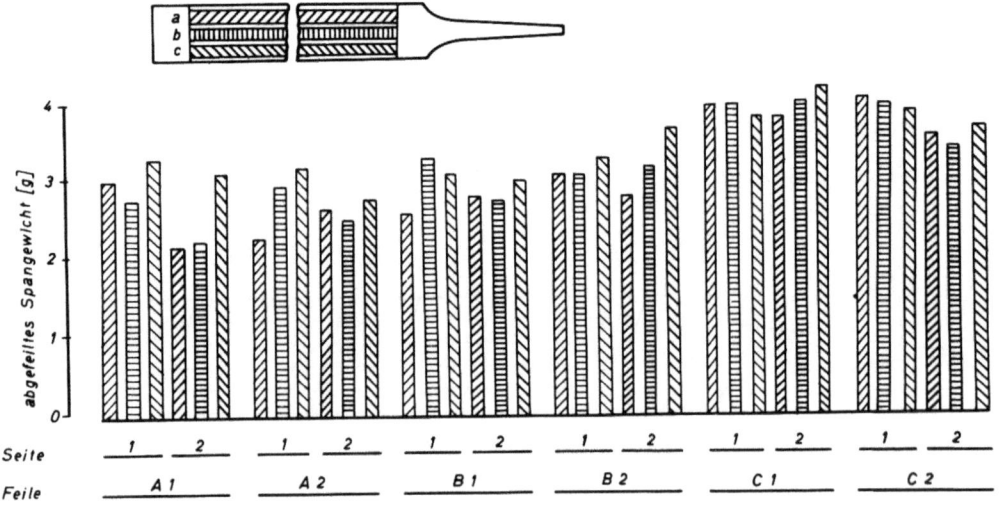

A b b i l d u n g   12a
Feilleistung von Werkstattfeilen 250 mm Länge, Hieb 1
Ergebnisse von Zonen a, b und c der Seiten 1 und 2

Darstellung der Feilleistung

Als Maß für die Feilleistung kommt das auf den Feilweg bezogene abgefeilte Spangewicht oder die Gewichtsverminderung des Werkstoffes in Frage. Dem abgefeilten Spangewicht ist bei ebenflächigen Feilen auch die in Vorschubrichtung des Werkstoffes gemessene Länge bzw. die Tiefe des abgefeilten Werkstoffes proportional.

Anstelle des Feilweges (das ist bei hin- und hergehendem Feilverfahren der Weg der Feile während des Feilvorganges) kann auch die Feilstrichzahl als Bezugsgröße verwendet werden. Zwischen dem Feilweg w, der Feilstrichzahl z, der Feilstrichlänge l und der Breite b des Prüfwerkstoffes besteht annähernd die Beziehung:

$$w = z \cdot l - b \tag{3}$$

Trägt man die Feilleistung beispielsweise als abgefeiltes Spangewicht nach je 1000 Feilstrichen auf, so ergibt die Verbindungslinie eine degressiv fallende Kurve (Abb. 4).

Bei der gebräuchlicheren Darstellungsweise wird die Summe der abgefeilten Gewichte in Abhängigkeit von der Feilstrichzahl aufgezeichnet. In diesem Falle ergibt sich eine degressiv ansteigende Kurve. Die eine Kurve ergibt sich wegen des mathematischen Zusammenhanges stets aus der anderen.

Welche von beiden Arten der Darstellung in Frage kommt, entscheidet das Meßverfahren für die Feilleistung, das sich meist nach dem gewählten Feilverfahren richtet.

Wird beispielsweise das abgefeilte Spangewicht gemessen, so ist die erste Darstellung vorteilhaft. Bei vollautomatischer Arbeitsweise der Feilmaschine ist es sinnvoller, die Summe der abgefeilten Länge zu registrieren.

Bei den ersten Feilergebnissen auf der Sägemaschine b wurde die Gewichtsabnahme des Prüfwerkstoffes auf einer Präzisionswaage - Fabrikat Sartorius - festgestellt (s. Abschn. 2.2).

Damit die folgenden Kurven leichter mit den bisher betrachteten Kurven verglichen werden können, wurde das Gesamtgewicht des abgefeilten Werkstoffes in Abhängigkeit von der Feilstrichzahl (5 000, 10 000...) dargestellt.

2.2 Eingesetzte Versuchsmaschinen

Es standen drei Maschinentypen zur Verfügung:

a) Sägen-Feil-Maschine BOE der Firma Vollmer-Werke,
   Feilstrichzahl 80/min, Maschinenleistung 0,17 PS

b) Sägemaschine Typ "Fortuna" Modell "Plus",
   Maschinenleistung 0,5... 0,7 PS
   Feilstrichzahl 54 und 108/min

c) Feilleistungsprüfmaschine nach HERBERT-VOEGLI
   Feilstrichzahl 54/min.

Die Sägenfeilmaschine a) konnte nur für Vorversuche verwendet werden. Für Leistungsprüfungen von Werkstattfeilen und Werkstoffen mit einem Querschnitt von 25 x 25 mm^2 war ihre Motorleistung zu schwach.

Die Sägemaschine b) (Abb. 13) wurde zunächst ohne Änderung der Arbeitsweise (maschinenbedingte Andruckschwankungen bei jedem Feilstrich) eingesetzt, um durch Vergleichsversuche festzustellen, inwieweit die Ergebnisse von der Art der Maschine abhängig sind. Ferner bietet die nach einem Sägeprinzip arbeitende Maschine am leichtesten die Möglichkeit, Feilen beliebiger Querschnittsform (z.B. halbrund) und ebenfalls den Kantenverschleiß zu untersuchen. Man erhält dann nach jeweils gleichen Feilstrichzahlen der Feilenform entsprechende Einschnitte in dem quer

0,5 ... 0,7 PS
1400 ....2800 U/min
52 ... 105 Hübe/min

A b b i l d u n g   13
Sägemaschine

zur Feilrichtung liegenden Werkstoff. Diese sind beispielsweise bei Flach- oder Vierkantfeilen treppen- oder nutenförmig (Abb. 14). Zum Vergleich der Feilleistungen diente die Prüfmaschine c) nach HERBERT-VOEGLI, bei der die abgefeilte Länge in Abhängigkeit von der Feilstrichzahl registriert wird (Abb. 5 bis 8).

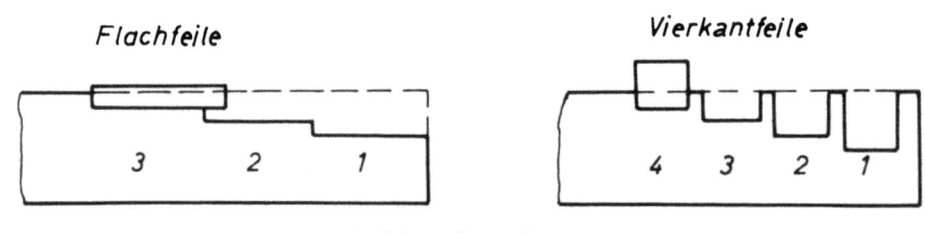

Prüfwerkstoff

A b b i l d u n g   14
Treppen- bzw. nutförmig gefeilter Prüfwerkstoff nach
1000 Feilstrichen je Stufe bzw. Nut

2.3 Einfluß der Feilmaschine auf die Feilleistung

2.31 Kinematik

Unter gleichen Bedingungen hinsichtlich Werkstoffestigkeit (60 kg/mm^2) und -abmessungen (20 x 5 mm), Feilstrichzahl (54/min) und -strichlänge

(100 mm) sowie Andruck (3 kg) ergaben sich auf der Sägemaschine Typ Fortuna und der Feilenmaschine der Versuchsanstalt Typ HERBERT-VOEGLI zunächst annähernd gleiche Feilergebnisse.

Nach mehreren Feilversuchen traten allerdings große Unterschiede trotz gleichbleibender Feilbedingungen hinsichtlich Werkstoff, Andruck, Feilstrichzahl/min und Feilstrichlänge auf. Die HERBERTsche Feilmaschine feilte etwa das dreifache Spangewicht ab wie die Sägemaschine "Fortuna".

Ferner wurde festgestellt, daß die Sägemaschine bei harten Werkstoffen unter sonst gleichen Bedingungen eine größere Feilleistung erzielte als bei weicherem Werkstoff. Wurde beispielsweise die Härte des Feilwerkstoffes um 15 HRc gesteigert, so nahm der mit einem Meßbügel festgestellte Andruck etwa um 30 bis 45 % zu, dies jedoch nur bei motorischem Antrieb nicht aber, wenn die Maschine von Hand langsam gedreht wurde.

Ferner wurde festgestellt, daß bei gleichem Andruckgewicht und Werkstoff jedoch bei größerem Querschnitt (also geringerem spez. Andruck) ein größeres Spangewicht abgefeilt wird.

Diese Effekte entsprechen nicht den Erfahrungen aus der Zerspanungstechnik und sind vermutlich darauf zurückzuführen, daß der Andruck beim härteren Werkstoff oder größeren Querschnitt größer wird, und zwar durch eine vertikal in Richtung der Andruckkraft P_a wirkende Komponente P_{kv} der an dem Feilbügel wirkenden Kraft der Kurbelstange (Abb. 15). Die

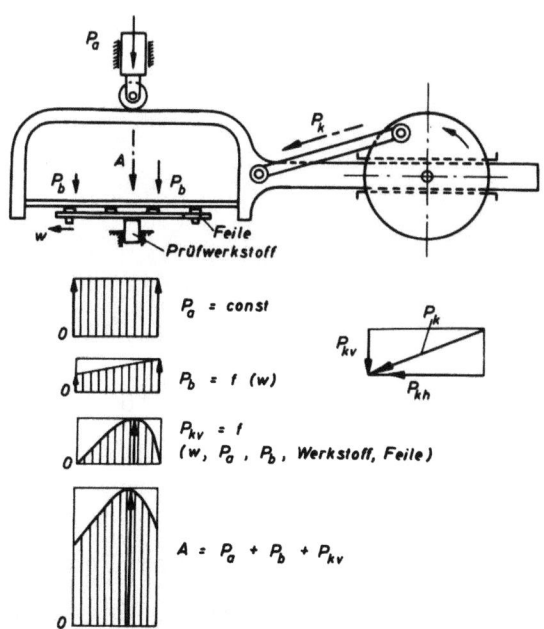

Abbildung 15

Andruckkräfte bei einer Bügelsäge als Feilleistungs-Prüfmaschine gesamte Andruckkraft setzt sich also aus P_a, P_b (wirksames vom Feilweg w abhängiges Bügelgewicht) und P_{kv} zusammen.

Diese durch die Kinematik der Maschine bedingte Änderung der Andruckkraft ließe sich nur durch eine Konstruktionsänderung der Maschine beseitigen, und zwar derart, daß die Kräfte nur in Richtung der Führung, nicht aber schräg dazu wirken. Außerdem müßte die Feile dann auch etwa in der Mitte der Führung eingespannt werden.

2.32 Erste Verbesserung der Sägemaschine durch Zusatzeinrichtung

Eine derartige grundsätzliche Änderung der Maschine würde jedoch den Vorteil, der sich bei Verwendung einer handelsüblichen Maschine ergibt, aufheben. Es wurde daher nur der Abhebemechanismus abgeschaltet und eine Zusatzeinrichtung für das Andrücken beim Arbeitshub und Abheben beim Rückhub nach dem Prinzip der HERBERTschen Feilleistungsprüfmaschine entwickelt (Abb. 16). Im Gegensatz zu dieser wurde der Vorschub des

A b b i l d u n g   16
Feilleistungs-Prüfmaschine

Registrierpapieres erhöht; eine Umdrehung der Registriertrommel entsprach 1000 Feilstrichen bzw. 25 cm Diagrammlänge. Die abgefeilte Länge wurde als Ordinate im Maßstab 1 : 2 aufgezeichnet (Abb. 16a).

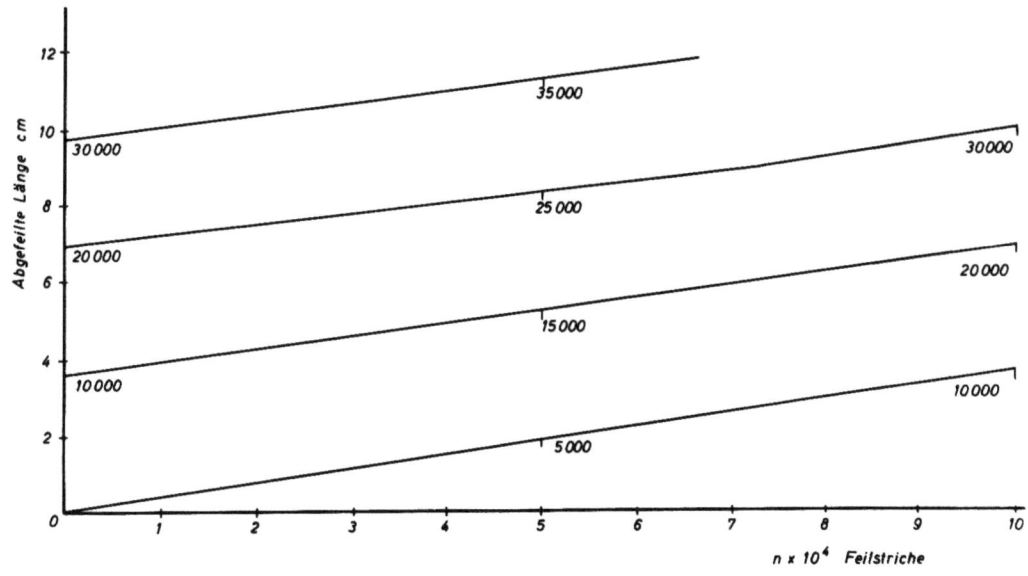

Abbildung 16a

Feilleistung einer Werkstattfeile 250 mm, Hieb 1, 54 Feilstriche/min
Werkstoff: Feilenstahl 1663 20 x 5 mm^2, Andruck: 6 kg

Bei Werkstoffen höherer Festigkeit (ca. 100 kg/mm^2) feilte die umgebaut Maschine eine geringere Spanmenge ab als bei niedriger Festigkeit, eben so wie die HERBERTsche Maschine der Versuchsanstalt.

Jedoch erzielte die letzte bei gleichem Werkstoff, gleichem Andruck, gleicher Feilstrichzahl und gleicher Feilstrichlänge nach wie vor durchschnittlich größere Spanmengen als die umgebaute Maschine Typ "Fortuna", wobei die Feilen abwechselnd auf der einen oder der anderen Maschine nacheinander eingesetzt wurden und die Ergebnisse auf jeder einzelnen Maschine reproduzierbar waren.

2.33 Reibung in der Werkstoffzuführung und Einspannbedingungen

Die Ursachen der unterschiedlichen Feilergebnisse beider Maschinen können in der Reibung bei der Materialzuführung und in der Aufsetzgeschwindigkeit sowie in der Art der Einspannung in Verbindung mit der Wölbung der zu untersuchenden Feilenseite und in der Stabilität der Maschine liegen. Außerdem vergrößert sich die Reibung auch noch durch die in Feilrichtung auf die Materialzuführung wirkende Feilkraft.

Die Andruckkraft setzt sich aus folgenden Einzelkräften zusammen, die i Prinzip in Abbildung 17 dargestellt und in Tabelle 4 zusammengefaßt sind:

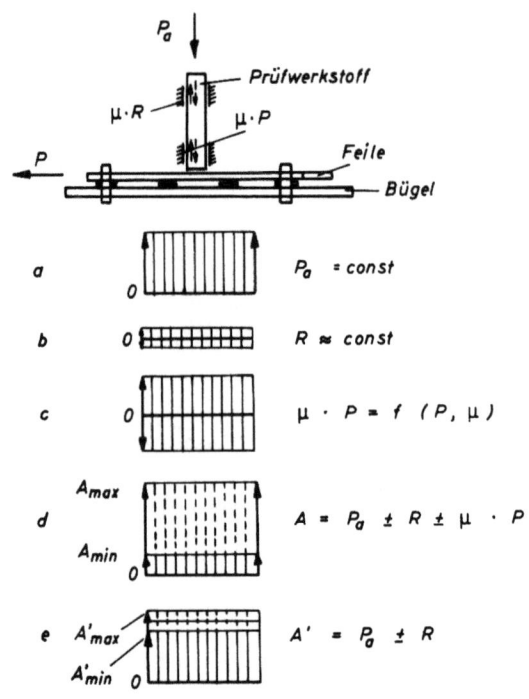

Abbildung 17

Andruckkraft bei Feilleistungs-Prüfmaschinen
bei Reibung am festen Stützhebel H gelten a,b,c,d
bei ausgeschalteter Reibung gelten a,b,e

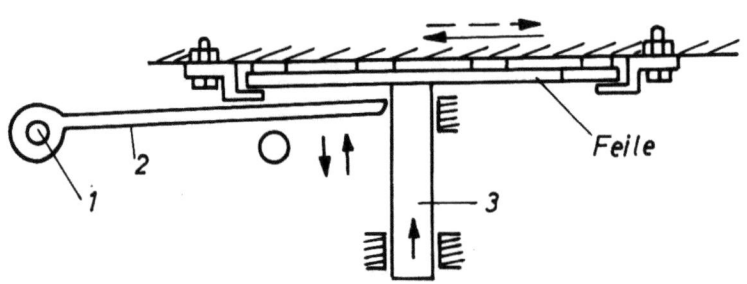

Abbildung 17a

Verbesserte Werkstofführung

Im Gegensatz zu der sets im gleichen Sinne wirkenden konstanten Gewichtsbelastung P_a können sich Reibungskräfte und damit die Andruckkraft verringern oder auch vergrößern.

Entscheidend hierfür ist, ob die im Augenblick feilenden Zähne infolge Einspannung oder nicht ebener Form der Feilenseite sich außer der Feilbewegung noch in Richtung des Werkstoffvorschubes oder entgegengesetzt dazu bewegen, also von der idealen Feilebene abweichen. Dies sei an einigen Beispielen für charakteristische Fälle erläutert, und zwar für ein Andruckgewicht P_a von 3 und 12 kg.

T a b e l l e   4

Kräfte und Größenordnungen bei der Feilleistungsprüfung

Einzelkraft	Wirkung auf Andruck[1]	Größenordnung
1. Gewichtsbelastung	P_a + konst.	zwischen 2...30 kg einstellbar
2. Reibung beim Materialvorschub (ohne Feilvorgang)	R_1 ∓ konst.	1 kg abhängig vom Gewicht des Prüfwerkstoffes
3. Reibung durch Schnittkraft	$\mu \cdot P$ ± veränderlich	bei P_a 3 kg ca. 0,4 kg, [2] bei P_a 12 kg ca. 2,4 kg [2] (bei Werkstattfeilen Hieb 1, 250 mm)
4. Reibung durch Balligkeit oder schräge Einspannung (elastische Verformung der Feile durch Andruck)	R_2 ± veränderlich bzw. auch konst.	

1. + bedeutet Andruck vergrößernd
   − Andruck vermindernd wirkend
2. Diese Werte wurden experimentell ermittelt

Fall 1

Sobald der Werkstoff im Idealfall auf eine ebene und parallel zur Feilrichtung sich bewegende Feile aufsetzt, wirken als Andruck die um die Reibung R_1 verminderten Andruckgewichte P_a kurz darauf auch die durch Schnittkraft hervorgerufene Reibung $\mu \cdot P$, so daß der Andruck sich ergibt zu

$$A = P_a - R_1 - \mu \cdot P \qquad (4)$$

Wie aus der Darstellung ersichtlich ist, wirken bei einem Andruckgewicht von 3 kg nur etwa die Hälfte, nämlich 1,6 kg, bei einem Andruckgewicht von 12 kg nur etwa 2/3, nämlich 8,6 kg, als Andruck.

Die Betrachtungen gelten für starre Maschinen und starre Einspannung und für während des Feilvorganges ebene Feilen, die sich nur in Feilrichtung bewegen. Wenn jedoch die Feilenseite konvex oder konkav gewölbt ist oder die nur selten ebene Fläche der Feile einen Winkel mit der Feilrichtung bildet, können die Feil- bzw. Andruckkräfte weiter zu oder auch abnehmen.

Fall 2

Feilenseite eben, jedoch so geneigt zur Feilrichtung, daß die Feile den Werkstoff wegdrückt.

Andruck: $\qquad A = P_a + R_1 + \mu \cdot P \qquad$ (5)

Für diesen Fall ergeben sich bei einer Gewichtsbelastung

P_a = 3 kg $\qquad$ A = 3 + 1 + 0,4 = 4,4 kg
P_a = 12 kg $\qquad$ A = 12 + 1 + 2,4 = 15,4 kg.

Fall 3

Feilenseite eben, jedoch so geneigt, daß die Feile sich vom Werkstoff entfernt.

P_a = 3 kg $\qquad$ A = 3 - 1 - 0,4 = 1,6 kg
P_a = 12 kg $\qquad$ A = 12 - 1 - 2,4 = 8,6 kg

Entspricht dem Fall 1.

Fall 4

Feilenseite konvex; etwa bis zur Hälfte des Feilweges drückt die Feile den Werkstoff weg, wie im Fall 2, dann entfernt sich die Feile vom Werkstoff wie im Fall 1.

Die mittleren Andruckkräfte erreichen nicht ganz die Größe wie im Fall 2.

Fall 5

Feilenseite konkav; etwa bis über die Hälfte des Feilweges entfernt sich die Feile wie im Fall 1, dann drückt sie den Werkstoff weg, beginnend mit dem verminderten Andruck. Die mittleren Andruckkräfte liegen geringfügig höher als im Fall 1.

In Abbildung 18 sind die Fälle 1 bis 5 dargestellt. Aus der Zusammenstellung der möglichen Lagen der Feile und ihrer Form ergibt sich schon theoretisch ein krasser Unterschied der Feilergebnisse, der nicht allein auf die Feile, sondern auf das Zusammenwirken von Feile und Feilmaschine zurückzuführen ist, und zwar in erster Linie auf die infolge der durch

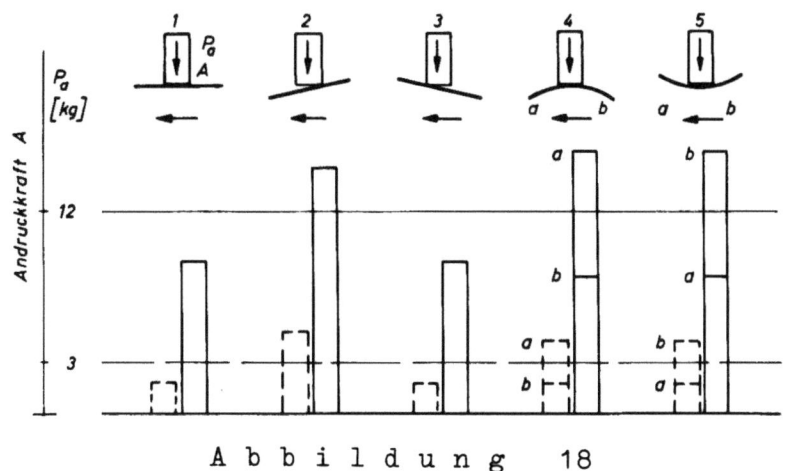

Abbildung 18

Einfluß verschiedener Feilenformen und -lagen zum Prüfwerkstoff auf die Andruckkräfte A

Andruckgewicht P_a = 3 und 12 kg, Feilenmaschine: Typ Herbert
(starre Führung des Prüfwerkstoffes)

Feilenform und Einspannbedingungen veränderlichen Reibung der Werkstoffzuführung.

Die Auswirkung der Reibung wird etwas verringert durch Elastizität der Einspannung, der Feile und der Maschine. Auf jeden Fall stellt die Auswirkung der Reibung einen erheblichen Unsicherheitsfaktor für die Leistungsprüfung dar und muß so weit wie möglich verringert werden.

An der Versuchsmaschine wurden dann die Einspannbedingungen näher untersucht, und zwar bei einer Feilstrichzahl von 54/min, einem Andruck von 2,4 kg/mm^2 (Querschnitt 25 x 20 mm), einer Festigkeit des Prüfwerkstoffs von 103 kg/mm^2. Die Feile wurde zunächst so eingespannt, daß die feilende Seite konvex (erhaben) war. Die Durchbiegung betrug 0,4 mm/10 cm Feillänge, dann wurde die Feile gerade eingespannt, Durchbiegung beim Feilen = 0. Im ersten Falle ergeben sich Mehrleistungen von 25 bis 500 % gegenüber gerader Einspannung.

Zu erwähnen ist noch, daß die Feile in der Feilzone durch Gummiunterlagen unterstützt war. Wurden diese entfernt, so konnte sich die Feile durch den Andruck um ca. 1,5 mm durchbiegen; dabei fiel die Feilleistung um 40 bis 60 % ab gegenüber dem ersten Fall.

Unterschiede der Aufsetz- und Abhebegeschwindigkeit des Prüfwerkstoffes - soweit diese bei der Maschine praktisch möglich sind - wirken sich in der Leistung von Qualitätsfeilen nicht nachweisbar aus; jedoch wurden bei Feilen mit sehr scharf ausgebildeten oder spröden Zahnspitzen Ausbrüche festgestellt.

2.34 Zweite Verbesserung der Werkstoffzuführung durch Verringerung der Reibung

Die Versuchsmaschine wurde verbessert durch einen an einem Zapfen 1 (Abb. 17a) drehbar gelagerten Stützhebel 2, an dessen freiem Ende der Feilwerkstoff 3 anliegt. Nach diesem Umbau betrug die Reibung in der Werkstoffzuführung zwar noch 0,8 kg. Jedoch wurde die zusätzlich durch die Feilkraft hervorgerufene Reibung annähernd beseitigt.

Feilversuche mit zur Feilrichtung geneigten Feilen entsprechend Fall 2 und 3 und mit ballig oder hohl durchgebogenen Feilen lieferten gleiche Feilergebnisse. Durch Verringerung der Reibung bei der Materialzuführung kommt es also nicht mehr auf eine präzise Einspannung der Feile an, um reproduzierbare Ergebnisse zu erzielen.

Nachdem die konstruktionsbedingten Einflußgrößen der Maschine auf das Feilergebnis annähernd beseitigt waren, wurden die anderen verfahrensmäßigen Einflüsse wie spez. Andruck, Härte des Werkstoffes, Feilstrichzahl usw. näher untersucht.

2.4 Einfluß der Feilbedingungen

Einfluß des Werkstoffquerschnittes und des Andruckes

Bei Vergrößerung des Werkstoffquerschnittes von (5 x 20) auf (20 x 25) mm^2 bleibt die Feilleistung annähernd gleich. Versuche mit gesteigertem Andruck bei gleichem Querschnitt von 5 x 20 = 1 cm^2 ergaben einen linearen Zusammenhang (Abb. 19). Diese Feststellung stimmt auch mit dem

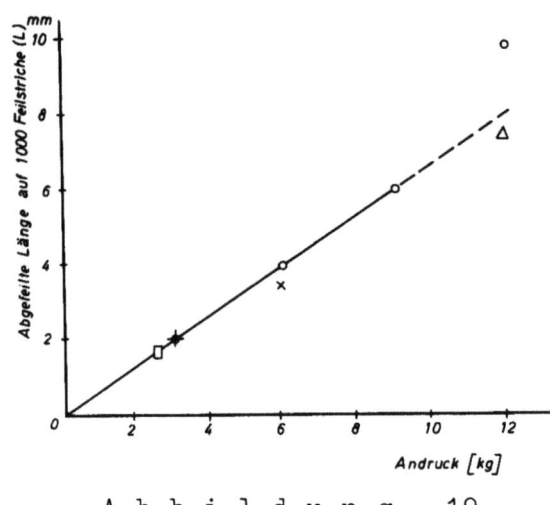

A b b i l d u n g   19

Feilleistung L in Abhängigkeit vom Andruck bei einer
Werkstatt-Feile 250 mm lg. Hieb 1
Prüfwerkstoff 1663 5 x 20 mm^2 Walzgefüge HRc 30

Ergebnis von SLATTENSCHEK überein (Abb. 4), (vergl. Mittelwert der Kurven 1, 2, 4, 5 (Andruck 3,1 kg) mit Kurve 3 (1,75 kg)). Das Verhältnis der Andruckkräfte 1 : 0,57 entspricht dem der abgefeilten Spangewichte 1 : 0,6.

Einfluß der Feilstrichzahl auf die Feilleistung

Wurde die Feilstrichzahl (= Feilstriche/min) verdoppelt (von 54 auf 108/min), so ergab sich bei den eingesetzten Werkstattfeilen 250 mm mehrfach eine um etwa 8 % höhere Feilleistung. Für diese Versuche wurde als Prüfwerkstoff Feilenstahl Nr. 1663/5x20 mm^2, geglüht, gehärtet und auf eine Härte von 30 HRc angelassen. Die Versuchsergebnisse sind in Abbildung 20 von zwei Feilen dargestellt. Die beiden oberen glatt verlaufenden Kurven bis zu 20 000 bzw. 25 000 Feilstrichen lassen erkennen, daß das Verhältnis der abgefeilten Längen bei beliebigen Feilstrichen gleichgeblieben ist. Dies ist ein Beweis dafür, daß die Gesetzmäßigkeit des Verschleißes unabhängig ist von der Feilstrichzahl.

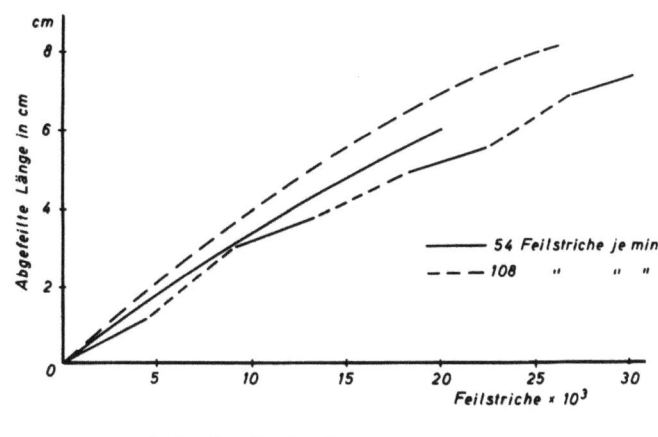

A b b i l d u n g   20

Einfluß der Feilstrichzahl auf die Feilleistung

Prüfwerkstoff 1663, 5 x 20 mm^2, geglüht, gehärtet, angelassen auf 30 HRc;
Andruck 3 kg

Die Unterschiede der Feilleistungen bei 54 und 108 Feilstrichen/min sind an sich im Vergleich zu den Unterschieden der Feilleistungen von Feilen gleicher Charge als gering zu bezeichnen. Als Ursache für diese Erscheinung ist vermutlich die bei erhöhter Feilstrichzahl größere Aufsetzgeschwindigkeit des Prüfwerkstoffes auf die Feile anzusehen.

Bei einer dritten Feile wurden 54 bzw. 108 Feilstriche/min in abwechselnder Folge auf derselben Seite gefahren. Dementsprechend verläuft die untere Kurve auch nicht stetig. Auch bei dieser Feile zeigen die gestrichelten Abschnitte der Kurve, die für 108 Feilstriche/min gelten, einen steileren Verlauf, d.h. eine größere Feilleistung als die glatt ausgezogenen Kurventeile für 54 Feilstriche/min. Auffallend ist, daß auch nach mehrfachem Wechsel der Feilstriche/min die Feilleistungen bei gleichen Feilstrichzahlen annähernd gleichgeblieben sind.

Man könnte daran denken, die Feildauer durch Erhöhung der Feilstrichzahl erheblich abzukürzen. Im Hinblick auf die verhältnismäßig starke Erwärmung der Feilen, insbesondere wenn große Querschnitte gefeilt werden, ist es jedoch nicht zweckmäßig, die Feilstrichzahl/min wesentlich über 60 zu steigern. Bei Querschnitten der Prüfwerkstoffe von 20x25 mm^2 lagen die Temperaturen bei 108 Feilstrichen/min noch unter 100 °C. An den Schneiden der Feilenzähne wurden die Temperaturen nicht ermittelt; da jedoch keine Anlauffarben im Mikroskop beobachtet werden konnten, lagen diese Temperaturen auf jeden Fall unter 300 °C.

Aus den Untersuchungen der Feilbedingungen geht hervor, daß für die Aufstellung von Richtlinien für Leistungsprüfungen von Feilen vergleichsweise weite Bereiche für die Festlegung von Querschnitten für Prüfwerkstoffe, für Andruck und für Feilstrichzahl/min zur Verfügung stehen.

Teil II

Einleitung

Während Teil I sich u.a. damit befaßt, in welchem Maße die Feilleistung bei weitgehender Konstanthaltung der Feileneigenschaften durch kinematisch bedingte Eigenschaften der Maschine, insbesondere durch Reibung in der Werkstoffzuführung durch spezifischen Andruck und Feilstrichzahl/min beeinflußt wird, und die Ergebnisse zur Entwicklung einer in ihren wesentlichen Arbeitseigenschaften erprobten Prüfmaschine führten, die die Voraussetzung zur Durchführung von Teil II bildet, erstrecken sich die systematischen Untersuchungen dieses Teiles vor allen Dingen auf die Prüfung der Feilleistung. Diese ist u.a. durch Schneidfähigkeit und Schneidhaltigkeit bedingt, die sich aus dem Zusammenwirken von Werkzeug und Prüfwerkstoff ergeben. Aus der Auswertung von Feilleistungsdiagrammen, bei denen die Versuchsbedingungen z.T. nicht bekannt waren (s. Abschn. 1.2) ergab sich eine Gesetzmäßigkeit der Leistungsabnahme mit zunehmender Feilstrichzahl. Durch systematische Untersuchungen muß noch der Nachweis geführt werden, ob bzw. inwieweit diese Gesetzmäßigkeit bei Feilen unterschiedlicher Ausbildung der Zähne und bei unterschiedlichen Werkstoffen für Feilen und Prüfkörper erhalten bleibt.

Ferner sollen auf Grund der Untersuchungsergebnisse Richtlinien für die Prüfung der Qualitätsmerkmale von Feilen unter Berücksichtigung der verschiedenen Anwendungsgebiete erarbeitet werden, die als Vorlage für die Überarbeitung des Normenentwurfes DIN 7284 dienen können.

1. Prüfmaschinen

Die systematischen Leistungsuntersuchungen wurden auf der in Teil I entwickelten Prüfmaschine durchgeführt. Diese erhielt zur selbsttätigen Abschaltung noch zwei Schalter, von denen der eine die Maschine abschaltet, sobald einerseits die äußerste Lage des Schreibstiftes auf dem Diagrammpapier oder andererseits eine bestimmte gewählte Feilstrichzahl zwischen 0 und 10 000 erreicht wird. Der zweite durch die aufgezeichnete Kurve gesteuerte Schalter kann so eingestellt werden, daß die Maschine bei Abfallen der Leistung auf einen bestimmten Mindestwert abgeschaltet wird.

2. Qualitätsmerkmale von Feilen

Nach früheren Arbeiten ist die Qualität von Feilen bzw. die Eignung einer Feile für einen Werkstoff mit bestimmten technologischen Eigenschaften abhängig von der Ausbildung der Zahnform, der Härte und Zähigkeit abgesehen von dem Feilenwerkstoff. Beispielsweise ist es durchaus möglich, daß für einen weichen Werkstoff wie Messing oder Stahl geringer Festigkeit scharf ausgeprägte Zahnspitzen die besten Feilleistungen ergeben, während für die Bearbeitung von legierten Stählen, beispielsweise von Schnittwerkzeugen, wenig spitze, wohl aber sehr widerstandsfähige Zähne erforderlich sind.

Es ist also für die Qualität einer Feile nicht allein ihre Schneidfähigkeit, sondern auch ihre Schneidhaltigkeit maßgebend; beide sind jedoch wiederum von dem zu feilenden Werkstoff abhängig. Eine Beurteilung von nur einer der zwei qualitätsbestimmenden Eigenschaften braucht nicht unbedingt ein sicheres Bild über die Feilengüte zu ergeben. Die Schwierigkeit der Qualitätsbeurteilung von Feilen liegt darin, daß ihr Verwendungszweck in den meisten Fällen nicht bekannt ist; Feilen können für weiche und harte Werkstoffe in beliebigem Wechsel eingesetzt werden.

Es erscheint, bevor Reihenuntersuchungen durchgeführt werden, sinnvoll, für Leistungsuntersuchungen zunächst einen bisher als normal anzusehenden Prüfwerkstoff (z.B. unlegierter Feilenstahl, HRc 30 bzw. etwa 100 kg/mm^2 Festigkeit) zu verwenden. Das Prüfergebnis würde bei einer Feilstrichzahl von 5 000 bis 10 000 Feilstrichen über Schneidfähigkeit Auskunft geben, während über die Schneidhaltigkeit nach bisherigen Versuchsergebnissen eine lange Prüfdauer von etwa 25 bis 30 Stunden entsprechend einer Feilstrichzahl von etwa 80 000 bis 100 000 notwendig wäre.

Zur Abkürzung der Feilleistungsprüfung ist zu untersuchen, ob durch Einsatz eines härteren Prüfwerkstoffes von etwa 40 HRc im Anschluß an die erste Prüfung eine gleiche Beurteilung der Schneidhaltigkeit möglich ist wie bei Langzeitprüfung. Nach diesen Gesichtspunkten wurden die Feilleistungsprüfungen zunächst durchgeführt.

3. Eingesetzte Feilen und Prüfwerkstoffe

Es wurden von vier Firmen die in der Tabelle 5 aufgeführten Feilen eingesetzt:

Tabelle 5

Eingesetzte Feilen

Feile Nr.	Art d. Feile (Fabrikat)	Länge [mm]	Stückzahl	Hiebzahl m n /cm	Hiebwinkel M° N°	Schnürwinkel °	Werkstoff
$B_1 \ldots B_{10}$	Werkstatt flachstumpf	250	10	9/7	25 40	13	Nr. 1663 (unleg. Feilenstahl)
$D_1 \ldots D_{20}$	Werkstatt flachstumpf	250	20	10/8	22 41	10	"
$N_1 \ldots N_{10}$	Werkstatt flachstumpf	250	10	9/8	20 30	ca. 5 (wellig)	"
$P_A \ldots P_T$	Werkstatt flachstumpf	250	20	9/8	23 36	7	"
$P_1 \ldots P_{10}$	Werkstatt flachstumpf	250	10	9/8	23 36	7	"
$A_{1,2,3} \ldots E_{1,2,3}$	Werkstatt flachstumpf	250	15	10/9	25 37	8	$A_1 \ldots E_1$ Raspenstahl $A_2 \ldots E_2$ Gußstahl $A_3 \ldots E_3$ chromleg. Feilenstahl
$R_1 \ldots R_{10}$	Werkstatt flachstumpf	250	10	10/9	25 37	8	Nr. 1663
$1_{a,b,c} \ldots 5_{a,b,c}$	Werkstatt flachstumpf	250	15	10/9	25 37	8	"

Als Prüfwerkstoff wurde Feilenstahl, Werkstoff Nr. 1663 in verschiedenem Gefügezustand gemäß Tabelle 6 eingesetzt.

Der letzte Werkstoff 20 x 5 in verschiedenen Härten wurde eingesetzt um festzustellen, ob man mit einem geringeren Querschnitt, jedoch mit gleichem spezifischem Andruck, gleiche Beurteilungen der Feilleistung erreichen kann.

Tabelle 6

Eingesetzte Prüfwerkstoffe

Prüfwerkstoff: Querschnitt [mm²] Gefügezustand Härte HRc Festigkeit [kg/mm²]	unlegierter Feilenstahl Werkstoff Nr. 1663 25 x 25, 20 x 25, 20 x 20, 5 x 20 Walzgefüge ungeglüht / geglüht / gehärtet u. angelassen
	25 x 25, 20 x 25, 20 x 20, 5 x 20

Prüfwerkstoff: unlegierter Feilenstahl   Werkstoff Nr. 1663

	Walzgefüge ungeglüht	geglüht	gehärtet u. angelassen		
Härte HRc	30	–	30	40	45	50
Festigkeit [kg/mm²]	ca. 100	60	100	130	150	170

Der Werkstoff mit dem Querschnitt 5 x 20 mm² wurde in verschiedenen Gefügezuständen als Prüfwerkstoff eingesetzt, um festzustellen, ob unter gleichen Feilbedingungen gleiche Beurteilungen der Feilen hinsichtlich Feilleistung und Standzeit möglich sind.

4. Versuchsergebnisse

4.1 Einfluß von Feilenwerkstoffen auf die Feilleistung bei verschiedenen Prüfwerkstoffen

Von den 15 Feilen $A_1, {}_2, {}_3 \ldots E_1, {}_2, {}_3$ (Tab. 5) aus drei verschiedenen Werkstoffen (Raspenstahl; Gußstahl und chrom-legierter Feilenstahl) wurden zunächst drei Feilen eingesetzt und als Prüfwerkstoff unlegier-Feilenstahl, Werkstoff-Nr. 1663, Walzzustand HRc 30 verwendet. Die Feilen waren mit dem gleichen Meißel auf der gleichen Haumaschine mit gleicher Hiebschräge gehauen und wiesen daher hinsichtlich der Zahnform nur geringe Unterschiede auf.

Von jeder Feile wurde vorab eine Seite bis zu 10 000 Feilstrichen beansprucht, dann wurden von den zweiten Seiten der gleichen Feilen Leistungskurven nur bis zu 3 000 Feilstrichen aufgenommen, da sich herausstellte, daß die Streuung dieser Feilen vergleichsweise gering war und innerhalb des schraffierten Bereiches (Abb. 21a) lag. Der Andruck betrug 16 kg; bei einem Querschnitt des Prüfwerkstoffes von 20 x 25 mm² ergibt sich ein spezifischer Andruck von 3 kg/mm². Da sich bis zu 10 000 Feilstrichen praktisch keine nennenswerten Unterschiede zwischen Feilen annähernd gleicher Zahnform jedoch aus verschiedenen Werkstoffen zeigten, wären bei dem vergleichsweise mittelharten Prüfwerkstoff (HRc 30) eine große Prüfdauer zur Ermittlung der Standzeit erforderlich.

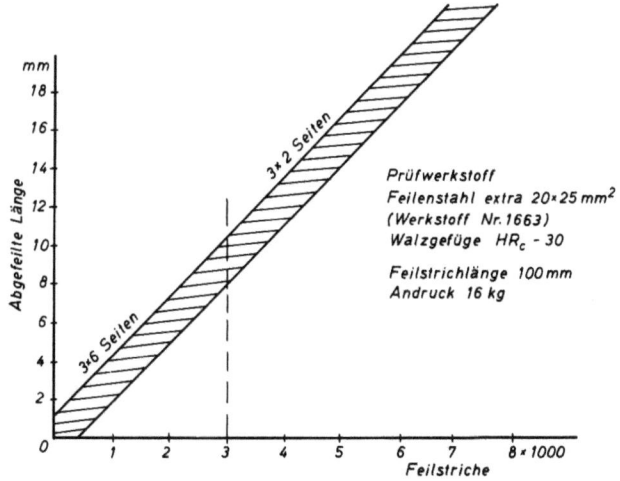

Abbildung 21a

Feilleistungen von Werkstatt-Feilen 250 mm lang, Hieb 1, aus verschiedenen Werkstoffen (Cr-leg. Stahl, Gußstahl, Raspenstahl)

Um die Prüfdauer abzukürzen, wurde die Beanspruchung erhöht und Prüfwerkstoffe 1663 mit größerer Härte (HRc 45) eingesetzt. Tabelle 7 und Abbildung 21b enthalten die Ergebnisse.

Tabelle 7

Leistungen von Feilen aus verschiedenen Werkstoffen, Prüfwerkstoff: 1663, geglüht, gehärtet, angelassen 45 HRc

Feilstrich-zahl	abgefeilte Länge [mm]		
	Raspenstahl	Gußstahl	Feilenstahl Cr.-leg.
1 000	3,5	2	2,5
2 000	5	4	4
3 000	7	6	5,5
4 000	8,5	7,5	7
5 000	9,7	8,8	8,5
6 000	10,5	10	9,5
7 000	11	11	10,3
8 000	-	11,5	11,2
9 000	-	-	12
10 000	-	-	12,6

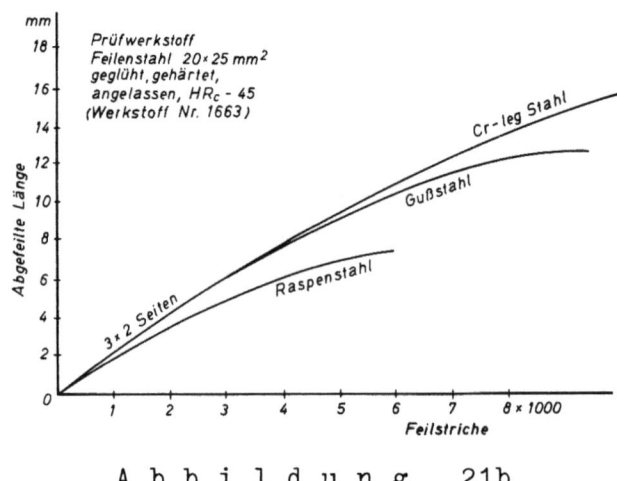

Abbildung 21b

Feilleistungen von Werkstatt-Feilen 250 mm lang, Hieb 1, aus verschiedenen Werkstoffen (Feilstrichlänge 100 mm, Andruck 16 kg)

Die Feile aus Raspenstahl fiel bereits gegenüber den anderen beiden Feilen nach ca. 2 000 Feilstrichen deutlich in der Leistung ab und kam nach 7 000 Feilstrichen zum Erliegen. Dagegen zeigte die Feile aus Gußstahl gegenüber der aus Cr.-leg. Stahl erst nach 3 000 Feilstrichen einen Unterschied und erlag nach weiteren 5 000, also nach insgesamt 8 000 Feilstrichen, während die letzte bei 10 000 Feilstrichen im Vergleich zur Anfangsleistung nur um ca. 20 % abfiel. Es wurden ferner als minderwertig bezeichnete Feilen mit anderen verglichen. Nach den aufgenommenen Leistungsdiagrammen lag die abgefeilte Länge beim Einsatz minderwertiger Feilen erheblich (in vorliegendem Falle um etwa die Hälfte) niedriger als bei gleichartigen Qualitätsfeilen.

Aus den Versuchen geht hervor, daß sich die bessere Qualität des Feilenstahles erst bei hoher Beanspruchung auswirkt. Entsprechende Ergebnisse sind zu erwarten, wenn die höhere Beanspruchung nicht durch härteren Prüfwerkstoff sondern durch größeren Andruck bewirkt wird.

4.2 Einfluß der Zahnform auf die Feilleistung

Für diese Versuche wurden Feilen 1a; 1b; 1c...5a; 5b; 5c (Tab. 5) aus gleichem Werkstoff (Feilenstahl, Werkstoff Nr. 1663) hergestellt, und zwar wurden sie auf der gleichen Maschine gehauen, mit gleicher Hiebschräge, gleichem Meißel, gleicher Hiebzahl/cm jedoch mit unterschiedlicher Schlagwucht, so daß sich Zähne mit wesentlichen Unterschieden der Zahnform (Zahnhöhe, Spanwinkel) ergaben.

Während bei den Feilen 1a bis 5a der ganze Zahnrücken durch die Hinterwate des Haumeißels verformt wurde, so daß hakenförmige Zahnspitzen mit positivem Spanwinkel entstanden, war in dem anderen Extremfalle, Feilen 1c bis 5c, die Schlagwucht so gering, daß der Zahnstuhl sehr stark ausgeprägt und die Zahnspitzen nur schwach aufgeworfen waren. Die Feilen 1b bis 5b stellen etwa Sollformen von Feilenzähnen dar.

Geprüft wurden Feilen mit Feilenstahl (Werkstoff Nr. 1663), der auf die Härtewerte 30; 40 und 50 HRc vergütet war. Die Ergebnisse sind in Abbildung 22 dargestellt. Für die Feile c liegen nur Werte bei Verwendung von Prüfwerkstoff mit der Härte 30 HRc vor.

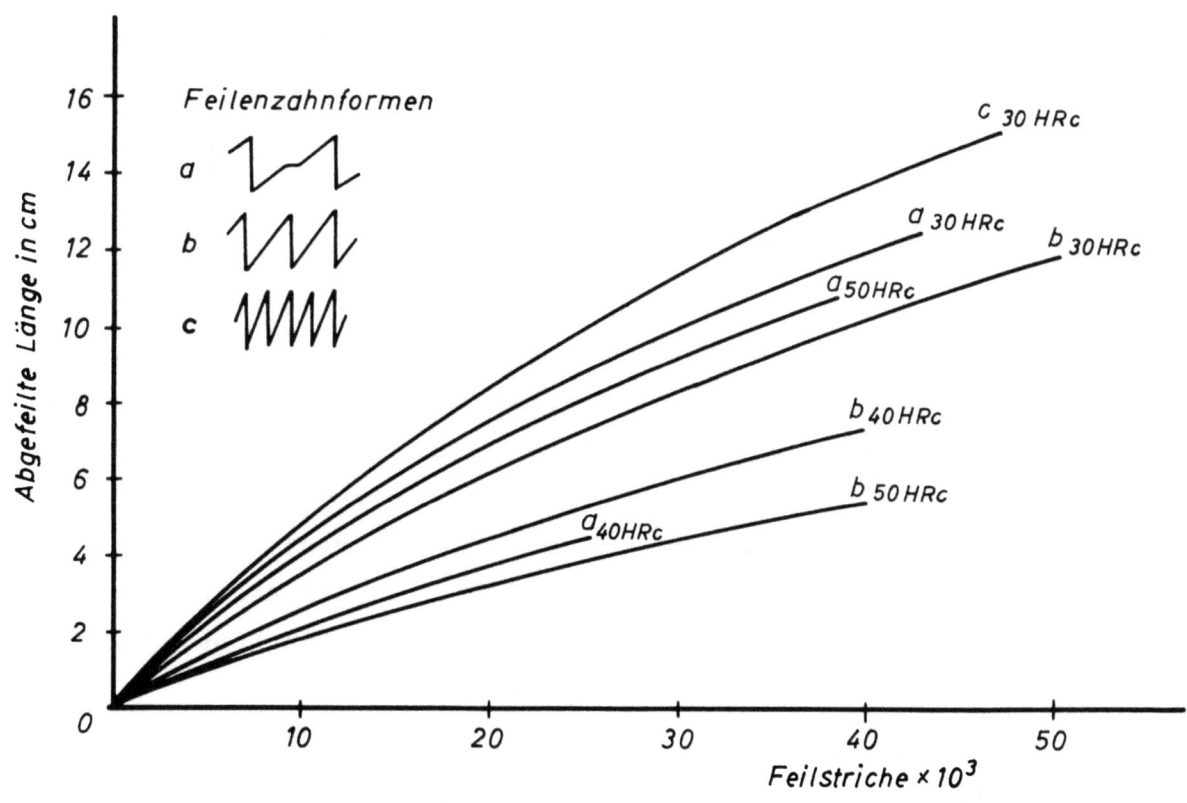

Abbildung 22

Einfluß der durch unterschiedliche Schlagwucht gehauenen Feilenzahnform a, b, c auf die abgefeilte Länge
Prüfwerkstoff 1663; 20 x 20 mm^2; Andruck 16 kg;
vergütet auf: 30 HRc, 40 HRc, 50 HRc

Nach diesen Versuchsergebnissen ist der Einfluß der Zahnform auf die Feilleistung bei verschiedenen Vergütungsgraden des gleichen Prüfwerkstoffes unterschiedlich. Während der Leistungsunterschied bei Feilen verschiedener Zahnform und Einsatz von Prüfwerkstoff der Härte 30 HRc sowie beim Prüfwerkstoff der Härte 40 HRc vergleichsweise gering war, beträgt beim Einsatz des Prüfwerkstoffes der Härte 50 HRc die Feilleistung bei der von der Feilenindustrie als gut bezeichneten Zahnform b nur etwa die Hälfte von der der Zahnform a.

Bemerkenswert ist, daß bei der Feile mit der verhältnismäßig spitzen Zahnform a der härtere Werkstoff (50 HRc) besser gefeilt wurde als weniger harter Werkstoff (40 HRc). Dies wurde auch bei anderen Feilversuchen schon mehrfach festgestellt. Bei der Zahnform b nimmt die Feilleistung mit zunehmend härterem Werkstoff ab, wie man es auch erwarten würde. Aus diesen Versuchen geht hervor, daß über den Zusammenhang zwischen der Feilleistung mit der Zahnform einerseits und mit dem Gefügezustand bzw. mit der Härte des zu feilenden Werkstoffes andererseits noch keine eindeutigen Aussagen gemacht werden können. Ähnliche Feststellungen wurden auch bei der Untersuchung von Schneiden anderer Werkzeuge bezüglich der Zerspanbarkeit von Werkstoffen gemacht.

Im Vergleich zu diesen Versuchsfeilen wurden die einer anderen Charge mit anderen Hiebwinkeln eingesetzt. Die Spanleistungen dieser Feilen bei Prüfwerkstoffen Nr. 1663 HRc 30 waren doppelt so groß wie bei den ersten. Bei härteren Prüfwerkstoffen versagten diese Feilen mit hoher Spanleistung jedoch nach vergleichsweise kurzer Feilstrichzahl. Um die Ursachen dieses unterschiedlichen Verhaltens festzustellen, bedarf es eingehender Untersuchungen, insbesondere der am eigentlichen Arbeitsvorgang beteiligten Zähne und ihrer Zahnspitzen hinsichtlich der technologischen Eigenschaften, der Gleichmäßigkeit der Zahnhöhe, der Spanwinkel bzw. des Schneidenradius und der Hiebzahl/cm^2.

Es lagen auch Feilen vor, bei denen auf ein und derselben Seite nach den beiden Randzonen zu die Zahnform unterschiedlich war. Diese Feilen wurden in den beiden Randzonen mit schmalen Prüfkörpern 5 x 20 mm^2, Werkstoff Nr. 1663 HRc 30 geprüft (vergl. Abb. 12); die Feilleistungen waren, wie auf Grund vorstehender Versuchsergebnisse zu erwarten war, bis zu 10 000 Feilstrichen gleich. Dagegen wurde bei zwei Feilen aus einer Serie bei gleichmäßig auf der ganzen Feilenseite ausgebildeten Zahnformen ein unterschiedlicher Verschleiß festgestellt, der von der einen Randzone der Feilenseite zur anderen gleichmäßig zunahm. Diese Erscheinung ist jedoch sonst nicht beobachtet worden und scheint einen Ausnahmefall darzustellen.

4.3 Einfluß des Prüfwerkstoffes auf die Feilleistung

Als Prüfwerkstoff wurde Feilenstahl 1663 mit dem Querschnitt 5 x 20 mm^2 eingesetzt, der geglüht, gehärtet und auf 30, 40 und 50 HRc angelassen wurde.

Der Einfluß der Feilen wurde gemäß Abschnitt 2.1 dadurch ausgeschaltet, daß auf jeder Feilenseite drei Zonen entsprechend Abbildung 12a gefeilt wurden. Beispiele charakteristischer Leistungsdiagramme enthalten Abbildung 23a und 23b für zwei geometrisch gleiche Feilen, jedoch verschiedenen Fabrikates. Bei beiden Diagrammen fällt auf, daß die Feilleistungen bei Prüfwerkstoffen 30 HRc und 50 HRc annähernd gleich sind. Zu den Diagrammen muß noch bemerkt werden, daß die Kurven für 30 HRc bis zu 70 bzw. 90 000 Feilstrichen gefahren wurden, ohne daß die Feilen zum Erliegen kamen. Die Versuche mit 50 HRc wurden nach 30 000 Feilstrichen abgebrochen; auch bei diesen Versuchen erlagen die betreffenden Feilen nicht. Dagegen wurde bei dem Prüfwerkstoff mit 40 HRc nach etwa 30 000 Feilstrichen keine Leistung mehr erzielt.

Die Versuche wurden in der Reihenfolge 30, 40 und 50 HRc gefahren, und zwar für beide Feilen an ganz verschiedenen Tagen, so daß das den Erfahrungen widersprechende Ergebnis mit 40 HRc nicht auf einem Zufall beruhen kann. Bei dem letzten Material liegt hier anscheinend eine schlechte Zerspanbarkeit vor im Gegensatz zu den weicheren und härteren Werkstoffen.

Es wurden auch die abgefeilten Späne im Mikroskop betrachtet. Auch diese gaben keinen Aufschluß über die schlechte Zerspanbarkeit des Werkstoffes 40 HRc. Vielmehr glichen die Späne des letzten Werkstoffes dem von 30 HRc, während Späne vom Material 50 HRc lange Spanlocken bildeten.

Bemerkenswert ist auch, daß die Feilleistungen bei den Werkstoffen 30 und 50 HRc praktisch gleich waren und hinsichtlich des Kurvenverlaufes dem in Teil I gefundenen Verschleißgesetz entsprachen, während dies bei den Kurven für 40 HRc nur in dem ersten Teil der Kurven der Fall ist. Daraus wäre zu folgern, daß noch ein zweites Gesetz vorliegt, das von der Zerspanbarkeit des Prüfwerkstoffes abhängt.

Aus den Untersuchungen geht eindeutig hervor, daß die Zerspanbarkeit nicht allein von der Härte des Werkstoffes bei gleicher Legierung abhängig ist. Es wäre daher zweckmäßig, ein Verfahren auszuarbeiten, mit dem die Zerspanbarkeit von Prüfwerkstoffen ermittelt werden kann.

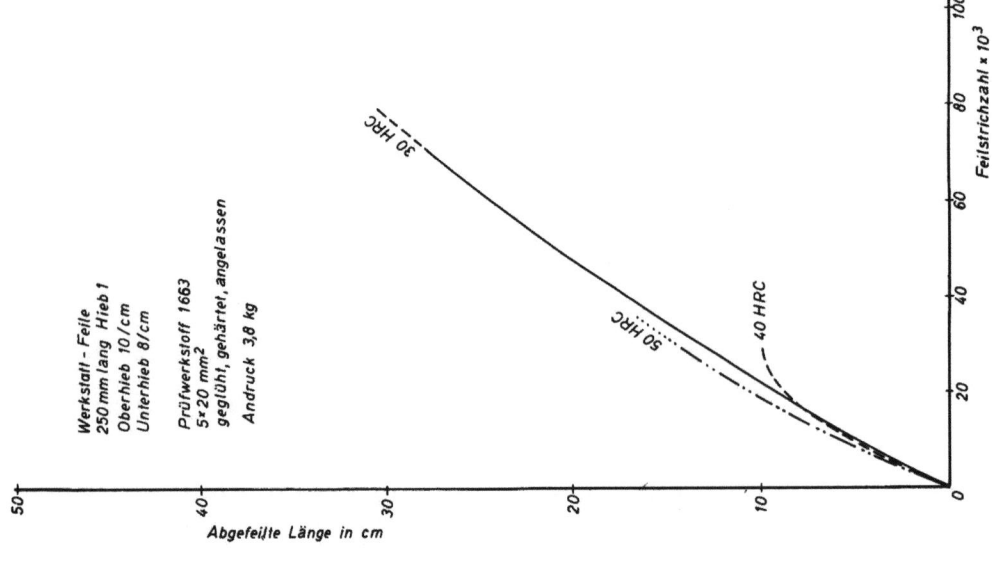

Abbildung 23b
Feilleistungen einer Werkstatt-Feile bei verschieden vergüteten Prüfwerkstoffen

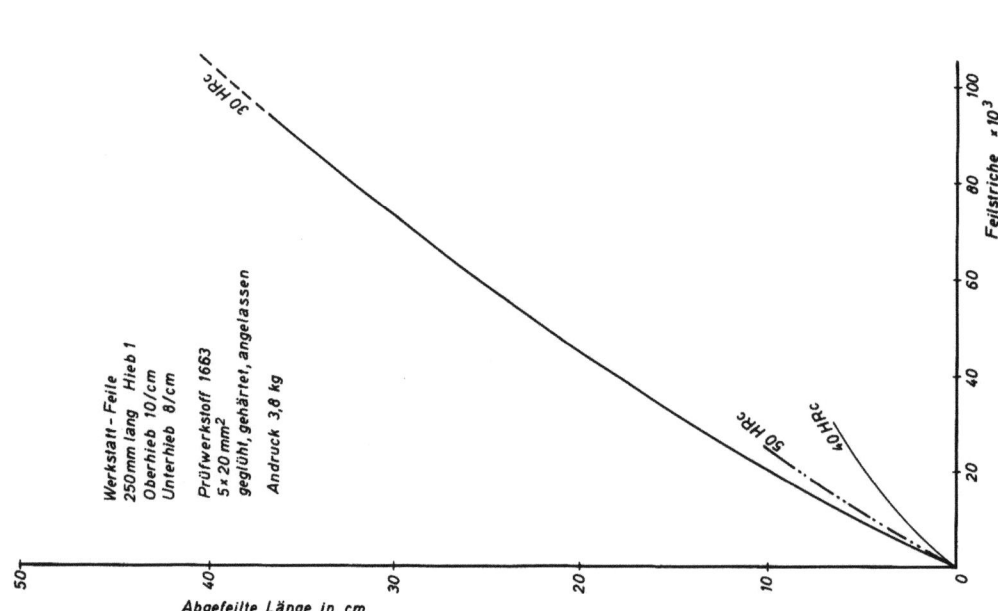

Abbildung 23a
Feilleistungen einer Werkstatt-Feile bei verschieden vergüteten Prüfwerkstoffen

4.4 Langzeit- und Kurzzeitversuche

Aus den verschiedenen, über lange Feildauer aufgenommenen Diagrammen geht hervor, daß die Verhältnisse der abgefeilten Längen des Prüfwerkstoffes bei beliebigen Feilstrichen annähernd gleich sind, wie es sich auch bereits bei Vorversuchen gezeigt hat (vergl. Teil I Abschn. 1.2 und 2.4). Demnach wäre eine relative Beurteilung der Feilenleistung schon nach etwa 5 000 Feilstrichen möglich. Diese kann einerseits je nach Eigenschaften der Feile (Ausbildung der Zahnspitzen, Zähnezahl/cm^2, Anordnung der Zähne, Feilenwerkstoff und Grad seiner Vergütung) andererseits je nach Prüfwerkstoff und Prüfbedingungen jedoch unterschiedlich sein, wie bei einem Vergleich der Diagramme Abbildung 23 ersichtlich ist.

Bei bekanntem Verwendungszweck wäre eine Beurteilung der Schneidfähigkeit und Schneidhaltigkeit am sinnvollsten, wenn der gleiche Werkstoff als Prüfwerkstoff eingesetzt würde. Nach Aufnahme einiger Diagramme im Langzeitversuch könnte man entscheiden, ob diese über den ganzen Bereich gesetzmäßig verlaufen und eine bestimmte Anzahl Feilstriche für die Kurzzeitversuche wählen.

Ist jedoch der Verwendungszweck nicht bekannt, so ist für eine absolute Beurteilung der Feilen erforderlich, die Leistung mit verschieden zerspanbaren Prüfwerkstoffen festzustellen oder die Beanspruchung durch Erhöhung des Andruckes zu steigern.

5. Folgerungen

Die meisten Feilleistungskurven folgen dem in Abschnitt 1.3 (Teil I) gefundenen Gesetz.

Unregelmäßigkeiten treten entweder am Anfang bzw. am Ende der Kurve auf (Fliem, Entkohlung bzw. zu geringer spezifischer Andruck infolge Verschleiß).

Eine Abkürzung der Feildauer läßt sich erreichen, wenn zwei hinsichtlich ihrer Zerspanbarkeit sehr unterschiedliche Werkstoffe oder ein Werkstoff nacheinander mit unterschiedlichen Andrücken eingesetzt werden.

Für den Ablauf der Prüfung und die Prüfbedingungen werden folgende Vorschläge gemacht:

A 1. Prüfung der Feilen mit gut feilbarem Werkstoff von 0 bis zu 5 000 Feilstrichen (Beurteilung der Anfangsleistung).

A 2. Prüfung von 5 000 bis zu 10 000 Feilstrichen mit mittelmäßig feilbarem Werkstoff (Beurteilung der Dauerleistung).

A 3. Die Werkstoffe für die Prüfkörper zu 1. und 2. müssen hinsichtlich der Zerspanbarkeit etwa gleiche Eigenschaften haben wie unlegierter Feilenstahl, Werkstoff-Nr. 1663, geglüht, gehärtet und angelassen auf HRc 30 für die Prüfung gemäß Punkt 1 und HRc 40 für die Prüfung gemäß Punkt 2.

A 4. Querschnitt des Prüfkörpers 20 x 20 mm^2 oder 20 x 5 mm^2.

A 5. Andruck 3 kg/mm^2.

A 6. Feilstriche ca. 65/min.

B 1. Prüfung der Feilen mit gut feilbarem Werkstoff von 0 bis zu 5 000 Feilstrichen bei einem Andruck von 3 kg/mm^2.

B 2. Prüfung der Feilen von 5 000 bis 10 000 mit gleichem Werkstoff wie bei B 1. jedoch mit doppeltem Andruck (6 kg/mm^2).

a) Verschleißkriterium aus einem unter gleichen Feilbedingungen aufgenommenen Leistungsdiagramm

Hierbei wird die Zahl der Feilstriche bestimmt, bei der die Feilleistung gleich der halben Anfangsleistung ist. Zunächst wird die abgefeilte Länge beispielsweise nach 5 000 Feilstrichen ermittelt. Aus abgefeilter Länge und Feilstrichzahl ergibt sich ein bestimmter Anstieg der Kurve. Dann wird durch den Nullpunkt und durch den Halbierungspunkt der abgefeilten Länge bei 5 000 Feilstrichen eine Gerade gezogen, die parallel verschoben wird, bis sie die Kurve an einer Stelle y tangiert. Für diese Stelle wird die Zahl der Feilstriche ermittelt.

Ein Beurteilungsmaßstab für die Feilen wäre:

1) abgefeilte Länge y_{5000} nach 5 000 Feilstrichen, die mindestens einen bestimmten Wert l_{5000} erreichen muß ($y_{5000} = l_{5000}$) und

2) das Verhältnis der abgefeilten Länge y bei der ermittelten Zahl der Feilstriche und bei 5 000 Feilstrichen; dieses muß ebenfalls über einem bestimmten zweiten Wert liegen

$\frac{y}{y_{5000}} = v.$ Beide noch festzulegende Werte zusammen bestimmen die Qualität der Feile.

b) Verschleißkriterium mit während der Prüfung verschärften Bedingungen

Hierzu wird zunächst die Feilleistung beispielsweise nach 5 000 Feilstrichen bei dem gut zerspanbaren Werkstoff bzw. bei dem geringeren Andruck ermittelt. Dann wird nach weiteren 5 000 Feilstrichen die Feilleistung bei dem schwer zerspanbaren Werkstoff bzw. bei dem höheren Andruck festgestellt.

In diesem Falle wird als Beurteilungsmaßstab vorgeschlagen:

3) Feilleistung y_{5000} nach 5 000 Feilstrichen bei dem gut zerspanbaren Material bzw. dem geringeren Andruck (ähnlich a)

4) Verhältnis zwischen der unter den erschwerten Bedingungen (also nach den zweiten 5 000 Feilstrichen) ermittelten abgefeilten Länge $y_{10000} - y_{5000}$ zu der Spanleistung zwischen 0 und 5 000 Feilstrichen

$$\frac{y_{10000} - y_{5000}}{y_{5000}} = v_1.$$

Zusammenfassung

1. Aus der Auswertung bisher vorliegender Leistungsdiagramme von verschiedenen Feilverfahren ergab sich eine Gesetzmäßigkeit des Feilleistungsverlaufes in Abhängigkeit von der Zahl der Feilstriche einerseits und von verschleißenden Einflußgrößen des Prüfwerkstoffes andererseits.

2. Die Problematik der Aufgabe lag in der Untersuchung von unbekannten Einflußgrößen von Feilleistungsprüfverfahren, wobei als Testkörper Feilen eingesetzt werden mußten, deren ebenfalls unbekannte Eigenschaften erst durch das zu entwickelnde Prüfverfahren bestimmt werden konnten.

3. Der Einfluß der Feile läßt sich bei Untersuchungen der Feilverfahren nahezu ausschalten durch Reihenuntersuchungen oder durch Aussortieren gleicher Feilen nach Kurzprüfungen.

4. Durch Feilversuche auf verschiedenen Maschinen konnten schrittweise Ergebnisse gesammelt werden, die miteinander verglichen wurden und schließlich zur Verbesserung der Werkstofführung und Einspannung führten.

5. Unter gleichen Feilbedingungen können auf einer beliebigen geeigneten Maschine zwar reproduzierbare Ergebnisse erhalten werden, diese können aber nicht ohne weiteres mit solchen von einer anderen Maschine verglichen werden.

6. Nach mehrfach gemachten Feststellungen ist die Feilleistung der Andruckkraft proportional.

7. Bei gleicher Andruckkraft ist das abgefeilte Spanvolumen unabhängig von den bei Feilenprüfungen gebräuchlichen Querschnitten des Werkstoffes.

8. Wird die Zahl der Feilstriche erheblich erhöht zum Beispiel von 54 auf 108/min, so nimmt die Feilleistung geringfügig zu. Daraus geht hervor, daß die Feilstrichzahl zur Erzielung reproduzierbarer Ergebnisse innerhalb vergleichsweise weiter Grenzen schwanken darf.

9. Durch weitgehende Ausschaltung der Reibung in der Werkstoffzuführung wurden reproduzierbare Ergebnisse auch bei balligen nicht genau eingespannten Feilen erzielt.

10. Langzeitversuche, die bis zum Erliegen der Feilen durchgeführt wurden (je nach Prüfwerkstoff 30 bis 10 000 Feilstriche), bestätigen die aus der Auswertung von Diagrammen anderer Institute gefundene Gesetzmäßigkeit des Verschleißes für die meisten der untersuchten Feilen und für alle untersuchten Feilen im mittleren Kurvenbereich.

11. Im Anfangs- und Endbereich des Verschleißes können dieser Gesetzmäßigkeit noch weitere durch Form und technologische Eigenschaften der Zahnspitzen bestimmte Einflußgrößen überlagert sein, die bei Kurzzeitprüfungen eine Verschärfung der Feilbedingungen erforderlich machen.

12. Die Versuchsergebnisse führten zu Vorschlägen für Kurzzeitprüfungen von Feilleistungen.

13. Eine Beurteilung der Leistung von Feilen aus gleicher Serie ist nur auf Grund der Prüfung einer je nach Streuung der Meßwerte größeren Anzahl (etwa 5) und Mittelwertbildung möglich.

14. Eine vergleichende Beurteilung der Leistung von Feilen aus verschiedenen Serien setzt gleiche Zähnezahl/cm^2 (bei Kreuzhiebfeilen) bzw. gleiche Hiebzahl/cm (bei einhiebigen Feilen) voraus. Ferner müssen in ihrer Arbeitsweise gleiche Prüfmaschinen verwendet und gleiche Prüfbedingungen eingehalten werden.

15. Die Festlegung von Prüfwerkstoffen allein nach Härte bzw. Festigkeit genügt nicht. Für die Zerspanbarkeit sind noch andere technologische Eigenschaften der Prüfwerkstoffe maßgebend, insbesondere der Gefügezustand.

Die Beschaffung geeigneter Prüfwerkstoffe und ihre Prüfung auf Zerspanbarkeit und technologische Gleichmäßigkeit stellt ein besonderes Problem dar, das im Rahmen dieser Aufgabe nur angedeutet werden konnte.

Die klassischen Verfahren zur Prüfung technologischer Eigenschaften beispielsweise der Härte, der Festigkeit allein geben keinen Anhaltspunkt für die Zerspanbarkeit. Einer weiteren Aufgabe bleibt es vorbehalten, die Zusammenhänge zwischen den technologischen Eigenschaften wie Härte, Festigkeit, Zähigkeit und der Zerspanbarkeit zu klären und einfache, praktisch brauchbare Prüfmethoden für die Zerspanbarkeit von Werkstoffen zur Feilenprüfung zu entwickeln.

Dr.-Ing. Eginhard Barz

Literaturverzeichnis

[1] BARZ, E. — Fertigungs- und Prüfverfahren für Feilen. Forschungsberichte des Wirtschafts- und Verkehrsministeriums Nordrhein-Westfalen Nr. 445 (1957) Köln und Opladen

[2] BUXBAUM, B. — Feilen. 2. Auflage Werkstattbücher, H. 46, Berlin/Göttingen/Heidelberg 1955, Springer-Verlag

[3] DICK, O. — Die Feile und ihre Entwicklungsgeschichte. Verlag Julius Springer, 1925

[4] GEBHARD — Feilenstähle, ihre Zusammensetzung und Wärmebehandlung

[5] KREKELER, K. — Die Zerspanbarkeit der Werkstoffe. Werkstattbücher H. 61, 3. Aufl., Berlin: Springer 1949

[6] KREKELER, K. — Die Zerspanbarkeit der metallischen und nichtmetallischen Werkstoffe. Springer-Verlag Berlin 1951, 358 Seiten, 148 Abb.

[7] KRONENBERG — Grundzüge der Zerspanungslehre. 1. B. Einschneidige Zerspanung. Springer-Verlag 1954, 430 Seiten, 239 Abb.

[8] LEVERINGHAUS, R.W. — Einfluß des Säureschärfens auf die Leistung von spanabhebenden Werkzeugen. Anzeiger für das Maschinenwesen Nr. 43, 1940

[9] PEISELER, A. — Zahn und Zerspanung bei gehauenen und gefrästen Feilen. Werkstattstechn. Bd. 21 (1927)

[10] RAPATZ, F. und F. MDALIK — Stand der Kenntnisse auf dem Gebiet der Zerspanbarkeit von Eisen und Stahl. Stahl und Eisen 76 (1956) S. 477/85 und S. 1586

[11] SCHALLBROCH und BIELING — Schneidleistung aufgehauener und chemisch geschärfter Feilen. Werkstatt und Betrieb Jg. 75 (1942), Nr. 8 und 9

[12] SHAH, P.S. — Der Umformvorgang bei der Erzeugung von Rillen. Diss. T.H. Hannover 1957

[13] SLATTENSCHEK — Die Prüfung der Feilen. Mitt. d. techn. Versuchsamtes Wien, Bd. 21 (1932) Diss. Techn. Hochschule Graz 1931

[14] WITTHOFF, J. Die Hartmetallwerkzeuge in der spanabhebenden Formung.
Carl Hanser Verlag, München, 1952

Die Bedeutung der Werkzeugkosten in der Fertigung.
Werkstt.u.Mb. 45. Jg. H. 5 (1955)

[15] DIN 8332 Flachstumpf-Schärffeilen.

[16] DIN 8349 Hiebtafel für Einhieb und für Oberhieb bei Kreuzhieb-Feilen und für Raspeln.

[17] TL 7284 Bl. 1 Entwurf Feilen - Techn. Lieferbedingungen für gebräuchliche Feilen und Raspeln.

Bl. 2 Techn. Lieferbedingungen für Präzisionsfeilen.

Bl. 3 Techn. Lieferbedingungen für aufgehauene Feilen.

FORSCHUNGSBERICHTE DES LANDES NORDRHEIN-WESTFALEN

Herausgegeben
im Auftrage des Ministerpräsidenten Dr. Franz Meyers
von Staatssekretär Professor Dr. h. c., Dr. E. h. Leo Brandt

EISENVERARBEITENDE INDUSTRIE

HEFT 39
Forschungsgesellschaft Blechverarbeitung e. V., Düsseldorf
Untersuchungen an prägegemusterten und vorgelochten Blechen
1953, 46 Seiten, 34 Abb., DM 9,50

HEFT 43
Forschungsgesellschaft Blechverarbeitung e. V., Düsseldorf
Forschungsergebnisse über das Beizen von Blechen
1953, 48 Seiten, 38 Abb., 3 Tabellen, DM 11,30

HEFT 51
Verein zur Förderung von Forschungs- und Entwicklungsarbeiten in der Werkzeugindustrie e. V., Remscheid
Untersuchungen an Kreissägeblättern für Holz, Fehler- und Spannungsprüfverfahren
1953, 50 Seiten, 23 Abb., DM 10,—

HEFT 56
Forschungsgesellschaft Blechbearbeitung e. V., Düsseldorf
Untersuchungen über einige Probleme der Behandlung von Blechoberflächen
1954, 52 Seiten, 42 Abb., DM 11,20

HEFT 60
Forschungsgesellschaft Blechbearbeitung e. V., Düsseldorf
Untersuchungen über das Spritzlackieren im elektrostatischen Hochspannungsfeld
1954, 82 Seiten, 53 Abb., 7 Tabellen, DM 17,—

HEFT 61
Verein zur Förderung von Forschungs- und Entwicklungsarbeiten in der Werkzeugindustrie e. V., Remscheid
Schwingungs- und Arbeitsverhalten von Kreissägeblättern für Holz
1954, 54 Seiten, 31 Abb., DM 11,40

HEFT 65
Fachverband Schneidwarenindustrie, Solingen
Untersuchungen über die elektrolytische Polieren von Tafelmesserklingen aus rostfreiem Stahl
1954, 90 Seiten, 38 Abb., 9 Tabellen, DM 17,35

HEFT 87
Gemeinschaftsausschuß Verzinken, Düsseldorf
Untersuchungen über Güte von Verzinkungen
1954, 68 Seiten, 56 Abb., 3 Tabellen, DM 15,30

HEFT 98
Fachverband Gesenkschmieden, Hagen
Die Arbeitsgenauigkeit beim Gesenkschmieden unter Hämmern
1955, 132 Seiten, 55 Abb., 9 Tabellen, DM 24,75

HEFT 116
Prof. Dr.-Ing. E. Siebel und Dr.-Ing. H. Weiss, Stuttgart
Untersuchungen an einigen Problemen des Tiefziehens — I. Teil
1955, 74 Seiten, 50 Abb., 6 Tabellen, DM 14,50

HEFT 117
Dr.-Ing. H. Beißwänger, Stuttgart, und Dr.-Ing. S. Schwandt, Trier
Untersuchungen an einigen Problemen des Tiefziehens — II. Teil
1955, 92 Seiten, 34 Abb., 8 Tabellen, DM 17,70

HEFT 150
Prof. Dr.-Ing. O. Kienzle und Dipl.-Ing. F. W. Timmerbeil, Hannover
Das Durchziehen enger Kragen an ebenen Fein- und Mittelblechen
1955, 52 Seiten, 20 Abb., 8 Tabellen, DM 11,30

HEFT 177
Dipl.-Ing. H. Stüdemann, Solingen, und Dr.-Ing. W. Müchler, Essen
Entwicklung eines Verfahrens zur zahlenmäßigen Bestimmung der Schneideigenschaften von Messerklingen
1956, 104 Seiten, 68 Abb., 4 Tabellen, DM 22,20

HEFT 224
Dipl.-Ing. H. Stüdemann und Ing. R. Beu, Solingen
Verfahren zur Prüfung der Korrosionsbeständigkeit von Messerklingen aus rostfreiem Stahl
1956, 82 Seiten, 28 Abb., DM 16,90

HEFT 225
Dr.-Ing. E. Barz, Remscheid
Der Spannungszustand von Gattersägeblättern
1956, 74 Seiten, 54 Abb., DM 16,50

HEFT 277
Dr.-Ing. W. Müchler, Essen
Untersuchung und zahlenmäßige Bestimmung der Schneideigenschaften von Messern mit besonderer Berücksichtigung rostfreier Messerstähle
1956, 60 Seiten, 27 Abb., 5 Tabellen, DM 13,20

HEFT 283
Prof. Dr. F. Wever und Dr.-Ing. W. Lueg, Düsseldorf
Warmstauchversuche zur Ermittlung der Formänderungsfestigkeit von Gesenkschmiede-Stählen
1956, 44 Seiten, 19 Abb., DM 9,90

HEFT 285
Prof. Dr.-Ing. O. Kienzle, Dr.-Ing. K. Lange, Hannover und Dipl.-Ing. H. Meinert, Osterode
Einfluß der Oberfläche auf das Verschleißverhalten von Schmiedegesenken
1956, 62 Seiten, 29 Abb., 8 Tabellen, DM 14,60

HEFT 286
Dr.-Ing. K. Lange, Hannover, Dipl.-Ing. H. Meinert, Osterode, unter Mitarbeit von Dr.-Ing. H. Arend, Mühlheim (Ruhr)
Verschleißverhalten hartverchromter Schmiedegesenke
1956, 74 Seiten, 53 Abb., 6 Tabellen, DM 17,65

HEFT 321
Prof. Dr.-Ing. F. Wever, Düsseldorf, und Dr. W. Wepner, Köln
Gleichzeitige Bestimmung kleiner Kohlenstoff- und Stickstoffgehalte im α-Eisen durch Dämpfungsmessung
1956, 30 Seiten, 3 Abb., 4 Tabellen, DM 6,80

HEFT 322
Prof. Dr.-Ing. F. Bollenrath und Dipl.-Ing. W. Domke, Aachen
Eigenspannungen in vergüteten, dickwandigen Stahlzylindern nach Oberflächenhärtung mit induktiver Erwärmung
1956, 30 Seiten, 9 Abb., 2 Tabellen, DM 6,90

HEFT 360
Dr.-Ing. E. Barz, Remscheid
Fertigungsverfahren und Spannungsverlauf bei Kreissägeblättern für Holz
1957, 68 Seiten, 40 Abb., DM 17,—

HEFT 367
Dr. rer. nat. D. Horstmann, Düsseldorf
Der Angriff eisengesättigter Zinkschmelzen auf kohlenstoff-, schwefel- und phosphorhaltiges Eisen
1957, 52 Seiten, 22 Abb., 6 Tabellen, DM 12,85

HEFT 375
Technischer Überwachungsverein e. V., Essen
Wanddickenmessungen mittels radioaktiver Strahlen und Zählrohrgerät
1958, 38 Seiten, 15 Abb., DM 9,55

HEFT 376
Technischer Überwachungsverein e. V., Essen
Wasserumlaufprobleme an Hochdruckkesseln
1958, 140 Seiten, 56 Abb., 8 Tabellen, DM 32,60

HEFT 377
Technischer Überwachungsverein e. V., Essen
Versuche an Wanderrostkesseln mit befeuchteter Verbrennungsluft
1958, 36 Seiten, 19 Abb., 2 Tabellen, DM 12,20

HEFT 395
Dipl.-Ing. L. Hahn, Clausthal-Zellerfeld
Untersuchungen zur Frage des optimalen Bohrloch- und Patronendurchmessers
1957, 132 Seiten, 49 Abb., 19 Tabellen, DM 31,25

HEFT 445
Dr.-Ing. E. Barz, Remscheid
Fertigungs- und Prüfverfahren für Feilen
vergriffen

HEFT 447
Prof. Dr.-Ing. F. Bollenrath, Aachen Dr.-Ing. H. Füllenbach, Seesen (Harz), und Dipl.-Ing. J. Schumacher, Neubeckum (Westf.)
Entwicklung rationell arbeitender Spritzkabinen
1958, 44 Seiten, 26 Abb., DM 13,55

HEFT 473
Prof. Dr. phil. F. Wever, Dr.-Ing. W. Lueg und Dipl.-Ing. P. Funke jr. Düsseldorf
Versuche an einer hydraulischen 25 t-Stangenziehbank
1957, 34 Seiten, 11 Abb., DM 8,95

HEFT 557
Dr.-Ing. H. Schiffers, Dipl.-Ing. D. Ammann, Dipl.-Ing. E. Brugger und Dipl.-Ing. R. Dicke, Aachen
Härtbarkeit von Gußeisen mit Lamellen- und Kugelgraphit in Abhängigkeit von Zusammensetzung und Gefüge
1958, 30 Seiten, 24 Abb., 1 Tabelle, DM 11,—

HEFT 630
Prof. Dr. phil. W. Koch und Dr. techn. Dipl.-Ing. H. Malissa, Düsseldorf
Beiträge zur Spurenanalyse im Reinsteisen
1958, 26 Seiten, 8 Tabellen, DM 7,60

HEFT 639
Prof. Dr.-Ing. habil. K. Krekeler, Dr.-Ing. H. Peukert und Dipl.-Ing. O. Schwarz, Aachen
Auswertung der in- und ausländischen Literatur auf dem Gebiete des Metallklebens
1958, 152 Seiten, DM 37,80

HEFT 655
Dr. rer. pol. A. Th. Wuppermann, Leverkusen, Prof. Dr.-Ing. M. Pfender und Reg.-Rat Dipl.-Ing. E. Amedick, Berlin
Untersuchung des Einflusses von Oberflächenfehlern auf die Dauerhaltbarkeit von Kurbelwellen
1958, 48 Seiten, 101 Abb., 4 Tabellen, DM 10,—

HEFT 680
Prof. Dr. phil. W. Koch, Dr.-Ing. habil. A. Krisch und Dipl.-Phys. H. Rohde, Düsseldorf
Änderungen im Gefügeaufbau austenitischer Chrom-Nickel-Stähle bei Zeitstandversuchen von mehrjähriger Dauer
1959, 38 Seiten, 23 Abb., 5 Tabellen, DM 12,20

HEFT 681
Prof. Dr.-Ing. Dr.-Ing. E. h. H. Schenk und Dr.-Ing. W. Wenzel, Aachen
Die Reduktion von Eisenerzen im Elektro-Fließbett
1959, 76 Seiten, 20 Abb., 12 Tabellen, DM 19,60

HEFT 693
Prof. Dr.-Ing. O. Kienzle, Hannover
Einige Untersuchungen über das Schneiden von Blechen
1959, 56 Seiten, 54 Abb., 3 Tabellen, DM 17,40

HEFT 702
Prof. Dr. phil. W. Koch und Dipl.-Phys. Dr. rer. nat. H. Lüdering, Düsseldorf
Statistische Auswertung von Thomasroheisenproben guter und schlechter Verblasbarkeit
1959, 20 Seiten, 3 Abb., 3 Tabellen, DM 6,50

HEFT 703
Prof. Dr. phil. W. Koch und Dipl.-Phys. Dr. phil. H. Sundermann, Düsseldorf
Isolierungstechnische Untersuchungen an Thomasroheisen
1959, 28 Seiten, 16 Abb., 1 Tabelle, DM 9,—

HEFT 705
Dr.-Ing. K. E. Mayer, Dr.-Ing. H. Knüppel, Ing. A. Stumpf, Dortmund, und Prof. Dr. phil. W. Koch, Düsseldorf
Wege zur automatischen Überwachung des Thomasverfahrens
1959, 56 Seiten, 20 Abb., 7 Tabellen, DM 14,80

HEFT 714
Prof. Dr.-Ing. W. Patterson, Aachen
Wirkung einer Gasspülung auf den Magnesiumverbrauch bei der Herstellung von Gußeisen mit Kugelgraphit
1959, 44 Seiten, 35 Abb., 14 Tabellen, DM 13,40

HEFT 728
Dr.-Ing. K. Spies, Dortmund
Die Zwischenformen beim Gesenkschmieden und ihre Herstellung durch Formwalzen
1959, 114 Seiten, 61 Abb., 1 Tabelle, DM 29,60

HEFT 740
Dr. rer. nat. D. Horstmann, Düsseldorf
Einfluß einiger Eisen- und Zinkbegleiter auf Größe und Art des Zinkangriffs auf Eisen
1959, 38 Seiten, 22 Abb., 1 Tabelle, DM 12,60

HEFT 741
Dipl.-Ing. H. Stüdemann, Dipl.-Ing. F. Esselborn und Ing. H. Hartmann, Solingen
Prüfung der Korrosionsbeständigkeit rostbeständiger Besteckbleche aus Chromstahl
1959, 32 Seiten, 30 Abb., 4 Tabellen, DM 10,30

HEFT 742
Dr.-Ing. E. Barz, Remscheid
Schneideigenschaften von schneidenden Zangen und Prüfverfahren
1959, 66 Seiten, 40 Abb., 4 Tabellen, DM 18,40

HEFT 757
Dr.-Ing. A. Schrader und Dr.-Ing. habil. A. Krisch, Düsseldorf
Mikroskopische Beobachtungen von Ausscheidungen in austenitischen und ferritischen Stählen nach dem Kriechversuch
1959, 22 Seiten, 22 Abb., 1 Tabelle, DM 8,60

HEFT 780
Prof. Dr. phil. F. Wever, Düsseldorf
Untersuchungen von Walzölen und Walzölemulsionen im Kaltwalzversuch
1959, 68 Seiten, 28 Abb., mehr. Tabellen, DM 18,50

HEFT 781
Dr.-Ing. E. Barz u. a., Remscheid
Verformungseinflüsse bei der Feilenherstellung
1959, 65 Seiten, 39 Abb., kart., DM 20,—

HEFT 840
Prof. Dr. phil. F. Wever, Dr.-Ing. H. G. Müller und Dr.-Ing. P. Funke, Düsseldorf
Versuchsmäßige und rechnerische Bestimmung von Walzkraft und Drehmoment unter Einwirkung von Bandzugspannungen beim Kaltwalzen von Bandstahl
1960, 36 Seiten, 12 Abb., 3 Tafeln, DM 10,90

HEFT 841
Dr. rer. nat. H. Blanck, Düsseldorf
Untersuchungen zur Kinetik des Martensitzerfalls
1960, 33 Seiten, 11 Abb., kart., DM 10,30

HEFT 889
Dipl.-Ing. W. Hufschmidt, Aachen
Die Eigenschaften von Rippenrohrluftkühlern im Arbeitsbereich der Klimaanlage
1960, 126 Seiten, 37 Abb., DM 33,30

HEFT 890
Dr.-Ing. H. Meyer, Hagen (Westf.)
Untersuchungen über den Umformvorgang in Waagerecht-Stauchmaschinen
1960, 76 Seiten, 61 Abb., 3 Tabellen, DM 21,90

HEFT 916
Dipl.-Ing. Hans-Joachim Grasemann, Forschungsgesellschaft Blechverarbeitung e. V., Düsseldorf
Der offene, kreuzende Scherschnitt an Blechen
1960, 138 Seiten, 66 Abb., 10 Tabellen, DM 40,70

HEFT 1000
Dipl.-Ing. Hartmut Tolkien, Institut für Werkzeugmaschinen und Umformtechnik der Technischen Hochschule Hannover
Schmierwirkungen in Schmiedegesenken

HEFT 1001
Dipl.-Phys. Dr. rer.-nat. Günter Langner, Institut für Elektronenmikroskopie an der Medizinischen Akademie, Düsseldorf
Die Informationsübertragung bei der Mikroskopie mit Röntgenstrahlen
1961, 126 Seiten, 7 Abb., DM 37,—

HEFT 1004
Dr.-Ing. Eginhard Barz, Verein zur Förderung von Forschungs- und Entwicklungsarbeiten in der Werkzeugindustrie e. V., Remscheid
Untersuchung von Schraubendrehern und Schraubenverbindungen

HEFT 1027
Dr.-Ing. Eginhard Barz, Verein zur Förderung von Forschungs- und Entwicklungsarbeiten in der Werkzeugindustrie e. V., Remscheid
Prüfung von Feilen

HEFT 1028
Dipl.-Ing. S. Stendorf, Verein zur Förderung von Forschungs- und Entwicklungsarbeiten in der Werkzeugindustrie e. V., Remscheid
Das Gleitstauchen von Schneidezähnen an Sägen für Holz

HEFT 1056
Dr.-Ing. Oskar Pawelski, Dr.-Ing. Werner Lueg †, Max-Planck-Institut für Eisenforschung, Düsseldorf
Der Spannungszustand beim Ziehen und Einstoßen von runden Stangen
In Vorbereitung

Ein Gesamtverzeichnis der Forschungsberichte, die folgende Gebiete umfassen, kann bei Bedarf vom Verlag angefordert werden:
Acetylen / Schweißtechnik - Arbeitswissenschaft - Bau / Steine / Erden - Bergbau - Biologie - Chemie - Eisenverarbeitende Industrie - Elektrotechnik / Optik - Fahrzeugbau / Gasmotoren - Farbe / Papier / Photographie - Fertigung - Funktechnik / Astronomie - Gaswirtschaft - Hüttenwesen / Werkstoffkunde - Kunststoffe - Luftfahrt / Flugwissenschaften - Maschinenbau - Medizin / Pharmakologie - NE-Metalle - Physik - Schall / Ultraschall - Schiffahrt - Textiltechnik / Faserforschung / Wäschereiforschung - Turbinen - Verkehr - Wirtschaftswissenschaft.